例解
ディジタル信号処理入門

博士(工学) 太田 正哉 著

コロナ社

まえがき

　ディジタル信号処理は，コンピュータに使われる CPU やマイクロプロセッサのようなディジタル数値演算回路を用いて信号の分析や加工を行うための技術であり，情報通信，制御，計測，音声・画像処理など，さまざまな分野における基礎技術として，重要な位置にある。筆者は数年前より工学部電気系学科でこの科目を 2 年生に向けて講義しており，本書はこの講義ノートをもとに，ディジタル信号処理を初めて学ぶ理系大学の学部生，大学院生，高専生，社会人が入門書として使えるようにまとめたものである。

　本書執筆にあたり，つぎの 2 点に注意した。第 1 点目として，解説にはできるだけ微積分を使わず，直感的な説明となるよう心がけた。ディジタル信号処理はフーリエ変換やラプラス変換をベースとした学問分野であるため，微積分を多用するアナログ信号処理を解説のスタートとする教科書が多い。本来，ディジタル信号処理の目的は，四則演算しか実行できないマイクロプロセッサなどで信号を処理することにあり，たたみ込みやフーリエ変換など，さまざまな演算が四則演算のみで実装される。したがって，本書では微積分を用いるアナログ信号処理の解説は極力省き，可能な限り平易な数学だけを用いて各テーマを解説した。

　第 2 点目として，本書では多くの例題，特に単純な計算問題を多数掲載した。これはディジタル信号処理に限らず数学系の科目は，反復計算によるトレーニングが重要であると考えるからである。どんなに難解な理論でも，最初の章は単純な計算から始まる。この計算はあまりにも単純なため，学生にも，講師にも，教科書執筆者にもしばしばおろそかにされるが，この計算をこなす力はその後に続く理論を理解するための基礎体力となるため，これを飛ばすとその先で必ずつまずく。また，最後まで理論を理解できたとしても，応用できる力が

備わらなければ意味がない。英文法をいくら勉強しても英語を話せるようにはならないが，短いフレーズでも何度も使っていくうちに新しいフレーズを生み出す力が備わり，活きた英語力が身に着くものである。これは数学でも同じである。

以上に加えて，本書では各章のテーマの理解を助けるため，またディジタル信号処理に興味を持っていただくために，章末にコラム（コーヒーブレイク）を設けた。これらを読むだけでもディジタル信号処理技術のポイントをつかむことが可能であると思う。

最後に，本書がこの分野の学習を始める方々のための入門書として，少しでもお役に立てば幸いに思う。執筆にあたり，すでに出版されている多くの良書を参考にさせていただいたので，巻末で感謝の気持ちを込めて一覧にした。また，本書執筆の機会を与えてくださったコロナ社の方々に深謝したい。

2013 年 8 月

著　者

目 次

1. ディジタル信号処理概論

1.1 ディジタル信号処理とは ………………………………………… *1*
1.2 DSP のアーキテクチャ ………………………………………… *4*
1.3 ディジタル信号処理のための数学 …………………………… *6*
　1.3.1 ラジアンと正弦波 …………………………………………… *6*
　1.3.2 複 素 数 ……………………………………………………… *8*
　1.3.3 オイラーの公式 ……………………………………………… *10*
　1.3.4 複 素 正 弦 波 ………………………………………………… *11*
　1.3.5 無限等比数列の和 …………………………………………… *12*
　1.3.6 正射影ベクトルと直交分解 ………………………………… *12*
《コーヒーブレイク》 フラットランドと複素世界 ……………… *15*
章 末 問 題 …………………………………………………………… *17*

2. 信号とシステムの数学的表現

2.1 離散時間信号の数学的表現 …………………………………… *18*
2.2 離散時間システムの数学的表現 ……………………………… *23*
2.3 差 分 方 程 式 …………………………………………………… *26*
《コーヒーブレイク》 風呂場とカラオケとケータイ …………… *31*
章 末 問 題 …………………………………………………………… *32*

3. インパルス応答とたたみ込み

- 3.1 インパルス応答 ………………………………………………… *34*
- 3.2 線形時不変システム …………………………………………… *39*
- 3.3 たたみ込み ……………………………………………………… *42*
- 《コーヒーブレイク》 たたみ込みの"ひみつ"………………… *47*
- 章末問題 …………………………………………………………… *51*

4. z 変換

- 4.1 z 変換の定義 …………………………………………………… *53*
- 4.2 z 変換の性質 …………………………………………………… *60*
- 4.3 逆 z 変換 ………………………………………………………… *64*
  - 4.3.1 基本的な逆 z 変換 ……………………………………… *65*
  - 4.3.2 部分分数展開法 ………………………………………… *67*
- 《コーヒーブレイク》 たたけばわかる ………………………… *70*
- 章末問題 …………………………………………………………… *72*

5. 伝達関数

- 5.1 伝達関数の定義 ………………………………………………… *73*
- 5.2 縦続システムと並列システムの伝達関数 …………………… *77*
- 5.3 伝達関数を用いた出力信号の計算法 ………………………… *79*
- 5.4 システムの安定性と極 ………………………………………… *84*
  - 5.4.1 システムの安定性 ……………………………………… *84*
  - 5.4.2 極配置と安定性 ………………………………………… *86*

《コーヒーブレイク》 エコーを消すシステム ･････････････････････････ 88
章 末 問 題 ･･ 91

6. 離散時間信号の周波数領域表現 I
～信号の成分分析・フーリエ変換の仕組み～

6.1 離散時間信号の直交分解 ････････････････････････････････ 93
6.2 離散フーリエ変換 ･･･････････････････････････････････････ 97
6.3 高速フーリエ変換 ･･･････････････････････････････････････ 101
6.4 周 波 数 解 析 ･･･ 104
《コーヒーブレイク》 4人の話を同時に聞く方法 ･･････････････････ 107
章 末 問 題 ･･ 109

7. 離散時間信号の周波数領域表現 II
～周波数スペクトラムの表現・加工・再生～

7.1 離散時間フーリエ変換 ･･････････････････････････････････ 110
   7.1.1 離散時間フーリエ変換の定義 ･･････････････････････････ 110
   7.1.2 振幅スペクトルのデシベル表現 ････････････････････････ 114
   7.1.3 位相スペクトルの図表現 ･･････････････････････････････ 116
7.2 離散時間フーリエ変換の性質 ････････････････････････････ 119
7.3 サンプリング定理 ･･･････････････････････････････････････ 121
《コーヒーブレイク》 インパルスは違法！ ･････････････････････････ 126
章 末 問 題 ･･ 127

8. 離散時間システムの周波数領域表現

8.1 離散時間システムの周波数特性 …………………………………… *128*
8.2 伝達関数と周波数特性 ………………………………………………… *133*
8.3 フーリエ変換と周波数特性 …………………………………………… *135*
8.4 ディジタルフィルタ …………………………………………………… *140*
    8.4.1 ディジタルフィルタの分類 ………………………………………… *140*
    8.4.2 低域通過フィルタ ……………………………………………………… *142*
《コーヒーブレイク》 共鳴と振幅特性 ………………………………… *145*
章 末 問 題 …………………………………………………………………… *146*

引用・参考文献 …………………………………………………………… *147*
章末問題略解 ……………………………………………………………… *148*
索　　　引 ………………………………………………………………… *157*

1 ディジタル信号処理概論

ディジタル信号処理とはなにか，本章ではその特徴と応用分野について述べる。また，実際に信号処理を実行するディジタルシグナルプロセッサの特徴について解説する。さらに，ディジタル信号処理に必要となる数学的な基本事項について確認する。

1.1 ディジタル信号処理とは

空気の振動によって伝わる音（音波）は，マイクロフォンによって時間的に途切れのない連続した電気信号に変換される。携帯電話や無線 LAN の電波も，アンテナで受信された直後は時間的に途切れのない連続した信号である。自然界のさまざまな物理量，例えば気温や湿度，太陽の日射量，地震の振動なども，適切なセンサで観測することによって，すべて時間的に連続した信号として取り出すことができる。このようにして得られた時間的に連続な信号を**連続時間信号**（continuous-time signal）または**アナログ信号**（analog signal）といい，この信号にさまざまな処理を施すことをアナログ信号処理という。これに対して，アナログ信号を一定の時間間隔で抽出して得られる信号を**離散時間信号**（discrete-time signal）といい，これに対して行う処理を**ディジタル信号処理**（digital signal processing）という。

図 1.1 にディジタル信号処理の例を示す。入力されたアナログ信号は**アナログ・ディジタル変換器**（analog to digital converter; **ADC**; **A-D 変換器**）で

1. ディジタル信号処理概論

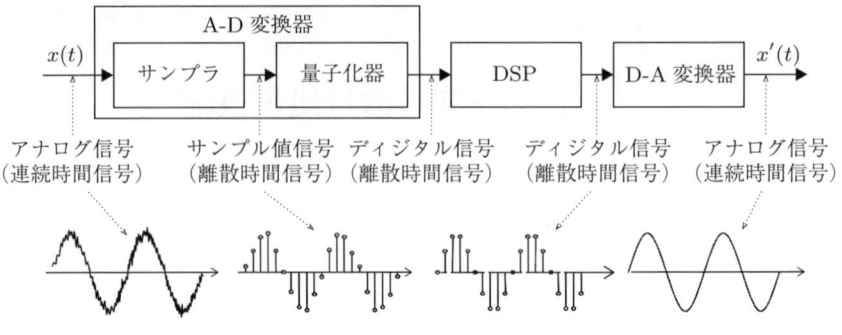

図 1.1 ディジタル信号処理の例（雑音除去）

離散時間信号に変換される．アナログ信号を一定の時間間隔 T で抽出することを**サンプリング**（sampling; **標本化**），これを行う部分を**サンプラ**（sampler; **標本化器**）という．また，これによって得られる離散時間信号を**サンプル値信号**（sampled signal）と呼ぶ．T は**サンプリング周期**（sampling period），その逆数 $1/T$ は**サンプリング周波数**（sampling frequency）という．

サンプル値信号の大きさは実数値（数学的には，小数点以下に無限の桁が存在する）であるが，後段のシステムでは有限の桁しか扱えないため，**量子化**（quantization）によってサンプリングされた信号を有限の桁に打ち切る．これによって得られる離散時間信号を**ディジタル信号**（digital signal）という．得られたディジタル信号は**ディジタルシグナルプロセッサ**（digital signal processor; **DSP**）によって処理され，**ディジタル・アナログ変換器**（digital to analog converter; **DAC**; **D-A 変換器**）を通してアナログ信号として出力される．

以上の各信号を信号の大きさおよび時間の観点から分類すると，**表 1.1** のようになる．

表 1.1 信号の分類

		信号の大きさ	
		連続値	離散値
時間	連続時間信号	アナログ信号	多値信号
	離散時間信号	サンプル値信号	ディジタル信号

アナログ信号処理は，アナログ電子部品を複雑に組み合わせて構成されたアナログ回路によって実現される。このアナログ信号処理には以下のような問題点がある。

- 部品の精度が低く，高精度の計算が困難である
- 部品の温度変化や経年変化の影響が大きい
- 雑音の影響が大きい
- いったんある信号処理回路を製作すると，処理の変更が困難である
- 複雑な信号処理が困難である

一方，近年急速に発展した半導体集積回路技術によって実現された DSP は，コンピュータの CPU（中央処理演算装置）と同様，プログラムで記述された複雑な演算命令を高速に実行でき，ディジタル信号に変換された信号を数値処理することで信号処理を実現している。このディジタル信号処理は，アナログ信号処理に比べてつぎのような利点がある。

- 高い精度の処理が可能である
- 部品の温度変化や経年変化の影響がほとんどない
- 雑音の影響がほとんどない
- 回路変更せず，プログラムの書き換えだけで処理内容の変更が可能である
- 複雑な信号処理が可能である

以上のようにディジタル信号処理はきわめて有用な技術であり，近年さまざまなアナログ信号処理システムがディジタル信号処理システムに置き換えられている[†]。

ディジタル信号処理の応用分野は多岐にわたる。以下に代表的な応用例を示す。

[†] ただし，信号の周波数がきわめて高い場合，アナログ信号をディジタル信号に変換するために高いサンプリング周波数に対応した A-D 変換器が必要となり，かつ，これから得られる信号を短時間に処理できる DSP が必要となるため，システム全体が高価になり，また消費電力が増大する。このような場合はアナログ電子部品を使用した信号処理システムが有効であり，現在のさまざまなシステムでは，それぞれ使い分けがなされている。

- 雑音除去・フィルタリング
  マイクによって録音された音声信号には雑音が含まれている．この雑音成分を除去することを**雑音除去**という．一般に，信号の中で不要な成分を取り除き，必要な成分を抽出することを**フィルタリング**（filtering）という．
- 信号の特徴解析・認識
  音声認識の分野では，音声信号に含まれる特徴を抽出し，これをもとに音素や単語などを認識することができる．重要な特徴だけを抽出して解析・認識することも，ディジタル信号処理の応用分野の一つである．
- システムの同定
  ある未知のシステムに特殊な信号を入力してその出力信号を観測することで，そのシステムがどのような特徴を有するかを知ることができる．これを**システム同定**という．システム同定は複雑な構造を持つシステムの特徴を知る上できわめて重要であり，電気通信分野だけでなく，さまざまな分野で広く利用されている．
- その他
  時系列信号を扱うさまざまな分野で，ディジタル信号処理技術が利用されている．例えば，電気通信分野では変調・復調技術，等価技術，誤り訂正技術，情報処理分野ではデータ圧縮，暗号化技術，音響信号処理，画像処理，株価変動予測，データマイニング，医療分野では超音波エコー，X線CT，核磁気共鳴画像法（MRI），計測分野では非破壊測定，地震計測，各種レーダ（地中探査・気象），天体観測，気象予報などが挙げられる．

1.2　DSPのアーキテクチャ

前述のとおり，DSPはコンピュータのCPUと同じように，プログラムによってその動作が制御される．ただし，遅延のない信号処理を行うためには高速演

算が必要であり，さまざまな工夫が施されている．

一般的なCPUでは，プログラム（命令）とデータは同一のメモリに格納されており，ある時刻にはいずれか一方しか読み出すことができない．一方，DSPではプログラム（命令）とデータを異なるメモリに格納し，プログラムの読み出しとデータの読み書きを同時に行うことができる．これを**ハーバードアーキテクチャ**（Harvard architecture）という．命令とデータの同時読み出しにより，処理時間を大幅に短縮できる．

ディジタル信号処理では，二つのデータ系列 a_i, b_i ($i = 1, 2, \cdots, N$) に対してつぎのような計算を行うことが多い．これを**積和演算処理**という．

$$y = \sum_{i=1}^{N} a_i b_i$$

CPUで積和演算を行う場合
- a_i と b_i をメモリから読み出す
- a_i と b_i の積を計算する（$x_i = a_i \times b_i$ とする）
- a_i と b_i の乗算結果 x_i を y に加える

の各処理を逐次行い，これを N 回繰り返す．処理が実行される様子を**図 1.2** (a) に示す．図に示すように，計算にかかるステップ数は $3N$ となる．

DSPは，積和演算を高速に実行するための専用の積和演算装置を備えている．これはメモリ読み出し，乗算，加算を同時に行うことができ，ある時刻では
- a_i と b_i をメモリから読み出す（read）
- a_{i-1} と b_{i-1} の積を計算する（結果を x_{i-1} とする）
- a_{i-2} と b_{i-2} の乗算結果 x_{i-2} を y に加える

を同時に実行できる．このような処理を**パイプライン処理**という（図 1.2 (b)）．これによって，積和演算にかかるステップ数は $N+2$ となり，計算時間を大幅に短縮できる．

時刻	処理
1	read a_1, b_1
⋮	⋮
$3i-2$	read a_i, b_i
$3i-1$	$x_i = a_i \times b_i$
$3i$	$y = y + x_i$
⋮	⋮
$3N$	$y = y + x_N$

(a) 一般的な CPU

時刻	パイプライン処理		
1	read a_1, b_1	—	—
2	read a_2, b_2	$x_1 = a_1 \times b_1$	—
⋮	⋮	⋮	⋮
i	read a_i, b_i	$x_{i-1} = a_{i-1} \times b_{i-1}$	$y = y + x_{i-2}$
$i+1$	read a_{i+1}, b_{i+1}	$x_i = a_i \times b_i$	$y = y + x_{i-1}$
$i+2$	read a_{i+2}, b_{i+2}	$x_i = a_{i+1} \times b_{i+1}$	$y = y + x_i$
⋮	⋮	⋮	⋮
$N+1$	—	$x_N = a_N \times b_N$	$y = y + x_{N-1}$
$N+2$	—	—	$y = y + x_N$

(b) DSP

図 **1.2** 一般的な CPU と DSP の積和演算処理の比較

1.3 ディジタル信号処理のための数学

本節では，ディジタル信号処理を理解する上で必要となる数学的な基本事項，正弦波，複素数，無限等比数列，ベクトルの直交分解について確認する。

1.3.1 ラジアンと正弦波

ラジアン（radian; rad）は角度の単位である。半径 1 の円内に扇形を考えたとき，扇形の中心角をその扇形の弧長で表現したものをラジアンという。半径 1 の円の円周は 2π，その 4 分の 1 の扇形の弧長は $\pi/2$ であるので，360°は 2π〔rad〕，90°は $\pi/2$〔rad〕となる。

$$y\,[\mathrm{rad}] = \frac{2\pi}{360}x\,[°]$$

図 1.3 のような信号を**正弦波**といい

$$x(t) = A\sin(\omega t + \theta)$$

と書く。ここで t は時刻〔s〕，A は**振幅**，ω は**角周波数**〔rad/s〕，θ は**初期位相**〔rad〕という。特に初期位相 θ が $\pi/2$ のとき

$$x(t) = A\sin(\omega t + \pi/2) = A\cos(\omega t)$$

となり，これを**余弦波**という。余弦波は正弦波の特別な場合と考えられるので，$\cos(\omega t)$ も区別なく正弦波ということがある。

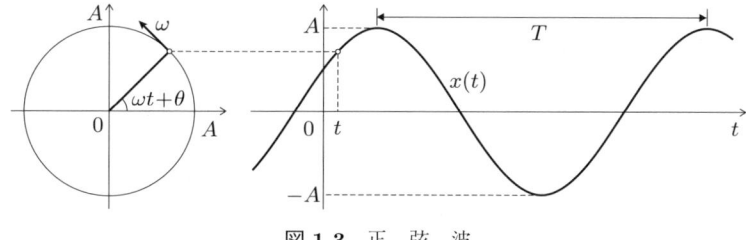

図 1.3 正 弦 波

正弦波は図 1.3 のように，半径 A の円の円周上を反時計周りに回転する点を，縦軸上に射影したときの軌跡であり，角周波数 ω はこの点の回転速度（1 秒間に進む角度），初期位相 θ は時刻 0 における横軸とのなす角を意味する。また，この点が 1 周するのにかかる時間を**周期** T〔s〕といい，上記の角周波数の定義から

$$T = \frac{2\pi}{\omega}$$

が成り立つ。

また，T 秒で 1 周するということは，1 秒間に $1/T$ 周することになる。1 秒間の回転数を**周波数** f〔Hz〕という[†]。

---

† 〔Hz〕は〔回転/s〕と同じ意味である。

$$f = \frac{1}{T} = \frac{\omega}{2\pi}$$

ディジタル信号処理では，f は正とは限らず負の場合もある．ただ，この**負の周波数**を持つ正弦波は，円上を時計周りに回転する点の射影であり，例えば正弦波 $\sin(\omega t) = \sin(2\pi f t)$ に対して，$\sin\{2\pi(-f)t\} = -\sin(2\pi f t)$ にすぎない．すなわち，正負が反転（位相が π シフト）するだけで，形状は変わらない．

ところで，**図1.4**に示すように，余弦波の周波数 f を徐々に小さくしていくと，極限（$f = 0$）で信号は時間軸に水平なグラフとなる．これを**直流信号**（direct current; DC）という．一方，$|f| > 0$ の信号を**交流信号**（alternate current; AC）という．以上から**周波数が 0 の交流は直流である**といえる．

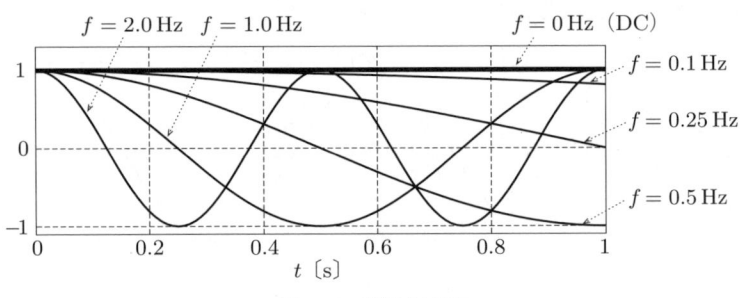

図 1.4　交流と直流

なお，正弦波に限らず信号の 2 乗すなわち $|x(t)|^2$ を，その信号の**電力**または**パワー**[†1]という．これは，電圧 $v(t)$ または電流 $i(t)$ の信号を $R\,[\Omega]$ の抵抗に通すと，この抵抗での消費電力は $p(t) = v(t)i(t) = |v(t)|^2/R = |i(t)|^2 R$ と計算でき，特に $R = 1\,\Omega$ のとき $p(t) = |v(t)|^2 = |i(t)|^2$ となることに起因する．

1.3.2　複　素　数

$j^2 = -1$ を満たす $j = \sqrt{-1}$ を**虚数単位**（imaginary unit）[†2]といい，a, b を実数として

[†1] パワー（power）は「力」ではなく仕事率（[J/s] または [W]）である．「力」は force [N] である．

[†2] 通常は虚数単位に i を用いるが，電流を i で表すことから電気系の分野では j を用いる．

$$z = a + jb$$

を**複素数** (complex number)，a を**実部** (real part; Re)，b を**虚部** (imaginary part; Im) という。また，$z = a + jb$ に対して

$$\overline{z} = a - jb$$

を z の**共役複素数**または**複素共役**という。

複素数の四則演算は，$z_1 = a_1 + jb_1$，$z_2 = a_2 + jb_2$ のとき

$$z_1 \pm z_2 = (a_1 \pm a_2) + j(b_1 \pm b_2)$$
$$z_1 z_2 = (a_1 a_2 - b_1 b_2) + j(a_1 b_2 + a_2 b_1)$$
$$\frac{z_1}{z_2} = \frac{(a_1 a_2 + b_1 b_2) + j(-a_1 b_2 + a_2 b_1)}{a_2^2 + b_2^2}$$

である。また，共役複素数についてはつぎの等式が成り立つ。

$$\overline{z_1 \pm z_2} = \overline{z_1} \pm \overline{z_2}, \quad \overline{z_1 z_2} = \overline{z_1} \cdot \overline{z_2}, \quad \overline{\left(\frac{z_1}{z_2}\right)} = \frac{\overline{z_1}}{\overline{z_2}}$$

実部 a を横軸，虚部 b を縦軸としてできる平面を**複素平面**という（図 **1.5**）。$z = a + jb$ に対応する点 (a, b) と原点を結ぶ直線の長さを z の**大きさ**といい，$|z|$ と書く。また，この直線と実軸とのなす角 θ を**偏角**といい，$\angle z$ と書く。$|z|$ と $\angle z$ は次式で求められる。

$$|z| = r = \sqrt{a^2 + b^2}, \quad \tan(\angle z) = \tan \theta = \frac{b}{a}$$

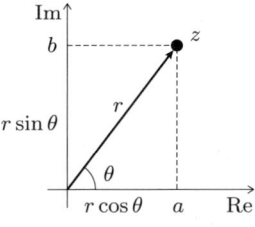

図 **1.5** 複 素 平 面

1.3.3 オイラーの公式

次式を**オイラーの公式**という。

$$e^{j\theta} = \cos\theta + j\sin\theta$$

オイラーの公式を用いると，複素数 $z = a + jb$ は

$$z = a + jb = r\left(\frac{a}{r} + j\frac{b}{r}\right) = r(\cos\theta + j\sin\theta) = re^{j\theta}$$

のように書ける。$z = a + jb$ を**直交座標表現**，$z = re^{j\theta}$ を**極座標表現**という。特に複素数どうしの乗除算には，極座標表現が有用である。

例えば $z_1 = r_1 e^{j\theta_1}$，$z_2 = r_2 e^{j\theta_2}$ のとき，これらの乗除算は

$$z_1 z_2 = r_1 r_2 e^{j(\theta_1+\theta_2)}, \quad \frac{z_1}{z_2} = \frac{r_1}{r_2} e^{j(\theta_1-\theta_2)}$$

と書け，図 **1.6** に示すように，「z_1 に z_2 をかけると，左に $\boldsymbol{\theta_2}$ 回転して大きさは $\boldsymbol{r_2}$ 倍される」，「z_1 を z_2 で割ると，右に $\boldsymbol{\theta_2}$ 回転して大きさは $\boldsymbol{1/r_2}$ 倍される」ことが直感的にわかる。以上を整理すると次式のように書ける。

$$|z_1 z_2| = |z_1||z_2|, \quad \left|\frac{z_1}{z_2}\right| = \frac{|z_1|}{|z_2|}$$

$$\angle(z_1 z_2) = \angle z_1 + \angle z_2, \quad \angle\left(\frac{z_1}{z_2}\right) = \angle z_1 - \angle z_2$$

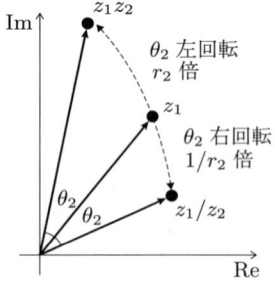

図 **1.6** 複素数の乗除算

1.3.4 複素正弦波

ω を角周波数,t を時刻とし,オイラーの公式において $\theta = \omega t$ とすると

$$e^{j\omega t} = \cos(\omega t) + j \sin(\omega t)$$

が得られる。これを**複素正弦波**と呼ぶ(図 **1.7**)。複素正弦波は複素平面で単位円上を角速度 ω で回転する点とみなせる。

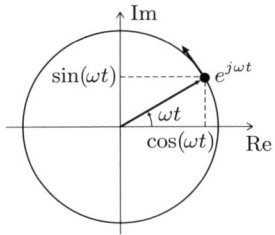

図 **1.7** 複素正弦波

左回転する複素正弦波 $e^{j\omega t}$ と右回転する複素正弦波 $e^{-j\omega t}$ を組み合わせると,通常の正弦波 $\sin(\omega t)$ や余弦波 $\cos(\omega t)$ を合成できる。オイラーの公式から左回転および右回転する複素正弦波は,次式のように書ける。

$$e^{j\omega t} = \cos(\omega t) + j \sin(\omega t)$$
$$e^{-j\omega t} = \cos(\omega t) - j \sin(\omega t)$$

これらの式より

$$\cos(\omega t) = \frac{1}{2}(e^{j\omega t} + e^{-j\omega t})$$
$$\sin(\omega t) = \frac{1}{2j}(e^{j\omega t} - e^{-j\omega t})$$

を導くことができる。このことは**図 1.8** でも理解できる。

例えば $\cos(\omega t)$ の場合,複素平面の単位円上を左回転する点と右回転する点の和は,実軸上を振幅 2 で往復する点となる。したがって,これを 1/2 すると $\cos(\omega t)$ となることは明らかである。

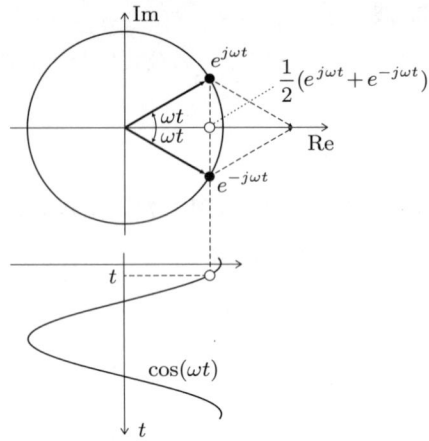

図 1.8　複素正弦波から生成される余弦波

1.3.5　無限等比数列の和

初項 a，項比 r（$r \neq 1$）の等比数列の第 n 項までの和 S_n は

$$S_n = a + ar + ar^2 + \cdots + ar^{n-1} = a\frac{1-r^n}{1-r}$$

となる。また，$|r| < 1$ のとき S_n は $n \to \infty$ で次式の値に収束する。

$$\lim_{n \to \infty} S_n = \frac{a}{1-r}$$

ここで，a や r は実数だけでなく複素数でも成り立つ。

1.3.6　正射影ベクトルと直交分解

N 次元実ベクトル（要素が実数でその数が N のベクトル）である $\boldsymbol{x}$ を $\boldsymbol{s}$ 方向に垂直に落とした影のベクトル $\boldsymbol{v}$ を $\boldsymbol{x}$ の $\boldsymbol{s}$ への**正射影ベクトル**という。正射影ベクトルは以下の式で求められる。

$$\boldsymbol{v} = \frac{\boldsymbol{x} \cdot \boldsymbol{s}}{\|\boldsymbol{s}\|^2}\boldsymbol{s}$$

ここで $\cdot$ は内積で，$\|\boldsymbol{s}\|$ は $\boldsymbol{s}$ の長さである。

正射影ベクトルがこの式で求められる理由は，図 1.9 より確認できる。$\boldsymbol{x}$ と $\boldsymbol{s}$ のなす角を θ とすると，$\boldsymbol{v}$ の長さ $\|\boldsymbol{v}\|$ と $\boldsymbol{x}$ の長さ $\|\boldsymbol{x}\|$ の間にはつぎの関係

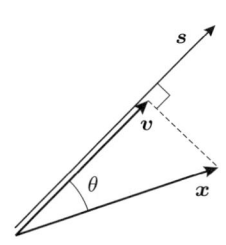
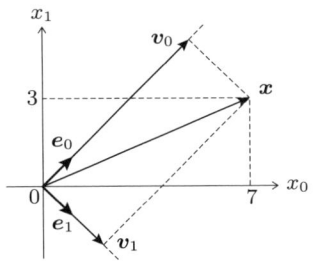

図 1.9　正射影ベクトル　　　　図 1.10　ベクトルの直交分解

がある。

$$||\boldsymbol{v}|| = ||\boldsymbol{x}|| \cos\theta$$

また，内積の定義から次式が成り立つ。

$$\cos\theta = \frac{\boldsymbol{x}\cdot\boldsymbol{s}}{||\boldsymbol{x}||\,||\boldsymbol{s}||}$$

さらに，$\boldsymbol{v}$ は $\boldsymbol{s}$ の単位ベクトルを $||\boldsymbol{v}||$ 倍したベクトルに等しい。

$$\boldsymbol{v} = \frac{\boldsymbol{s}}{||\boldsymbol{s}||}||\boldsymbol{v}||$$

以上を整理すると，正射影ベクトルの式が導ける。

正射影ベクトルを用いると，任意のベクトルは直交する複数のベクトルに分解できる。例として図 1.10 に示すような 2 次元平面上のベクトル $\boldsymbol{x}=(7,3)$ を，直交する二つのベクトル $\boldsymbol{e}_0=(1,1)$ と $\boldsymbol{e}_1=(1,-1)$ を用いて分解してみる。$\boldsymbol{x}$ の $\boldsymbol{e}_0$ および $\boldsymbol{e}_1$ 方向への正射影ベクトルは

$$\boldsymbol{v}_0 = \frac{\boldsymbol{x}\cdot\boldsymbol{e}_0}{||\boldsymbol{e}_0||^2}\boldsymbol{e}_0 = \frac{7\cdot 1 + 3\cdot 1}{1^2+1^2}\boldsymbol{e}_0 = 5\boldsymbol{e}_0$$

$$\boldsymbol{v}_1 = \frac{\boldsymbol{x}\cdot\boldsymbol{e}_1}{||\boldsymbol{e}_1||^2}\boldsymbol{e}_1 = \frac{7\cdot 1 + 3\cdot(-1)}{1^2+1^2}\boldsymbol{e}_1 = 2\boldsymbol{e}_1$$

のように計算できる。$\boldsymbol{e}_0$ と $\boldsymbol{e}_1$ は直交しているので

$$\boldsymbol{x} = \boldsymbol{v}_0 + \boldsymbol{v}_1 = 5\boldsymbol{e}_0 + 2\boldsymbol{e}_1$$

が成り立つ。すなわち，$\boldsymbol{x}$ は $5\boldsymbol{e}_0$ と $2\boldsymbol{e}_1$ に分解できるといえる。

実際に検算してみると

$$v_0 + v_1 = 5e_0 + 2e_1 = 5 \cdot (1,1) + 2 \cdot (1,-1) = (7,3)$$

となり，確かに $5e_0$ と $2e_1$ により x を復元できている。

一般に，N 次元実空間において，任意のベクトル $x = (x_0, \cdots, x_{N-1})$ は N 個の直交するベクトル $e_k = (e_{k,0}, \cdots, e_{k,N-1})$ $(k = 0, \cdots, N-1)$ を用いて

$$x = \sum_{k=0}^{N-1} \frac{x \cdot e_k}{||e_k||^2} e_k$$

と書ける。このような分解を**直交分解**という。また，分解に用いる直交ベクトル e_k $(k = 0, \cdots, N-1)$ を**直交基底**という。

特に e_k がすべて同じ長さで

$$||e_k||^2 = N \quad (k = 0, \cdots, N-1)$$

であるとき，x は

$$x = \frac{1}{N} \sum_{k=0}^{N-1} X_k e_k$$

のように書ける。ただし X_k は x と e_k の内積であり

$$X_k = x \cdot e_k = \sum_{n=0}^{N-1} x_n e_{k,n}$$

である。

フラットランドと複素世界

(1) フラットランド

フラットランドという物語をご存じだろうか（エドウィン・A・アボット著,「多次元・平面国 — ペチャンコ世界の住人たち」,東京図書,1992）。以下に少しアレンジして紹介しよう。フラットランドは2次元平面にある国で，その国にあるすべてのものが平面であり，そこに住む人々もみな，ひらべったい。彼らの理解できる世界は2次元平面だけであり，3次元空間というものは見ることも理解することもできない世界だという。

彼らにとって球とは円である。3次元の球を彼らは知らない。あるとき3次元空間にいる人がフラットランドの住人に本当の球を見せてやろうと，フラットランドのある2次元平面に球を通過させることを思いつく（図1）。球を少しずつ平面に近づけていくと，平面に接した瞬間に空間内に突然点が現れ，フラットランドの住人は驚く。さらに球を平面に押し込んでいくと，球と平面の交線である円はどんどん大きくなっていく。住人はどんどん大きくなる「球」に不安がる。しかし，ある時点からこの「球」はしぼんでいく。最後に1点になり，ふっと消えてしまう。住人にはなにが起こったのかわからない。

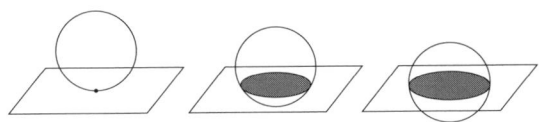

図1 フラットランドに球を通す

目に見えないものを理解することはとても難しいが，イメージできると，まさに別次元から世界を俯瞰できる。数学の分野にも目に見えないものがある。複素数である。信号処理を学習するとき複素数をイメージできると，フラットランドの住人が理解できなかったような別世界を見ることができる。

(2) 複素の世界

正弦波は，時間軸を横軸，実数の振幅値を縦軸にとった2次元平面上で，波のような形となるグラフである。正弦波といえば「波」とわれわれは思っている。しかし，複素数を知る1次元高い世界の人にとって，正弦波とはいったいなんだろう。

1.3.4項で複素正弦波について説明した。複素正弦波は複素数の振幅値を持つ

「正弦波」で，複素平面上を回転する点（複素数）の運動と定義される。いま，複素平面の原点を通過してこの面に垂直な軸を時間軸とし，この点の軌跡を考えると，これは図 2 のような 3 次元空間中の螺旋になる。じつは複素の世界の人にとって正弦波は「波」ではなく「螺旋」なのである。

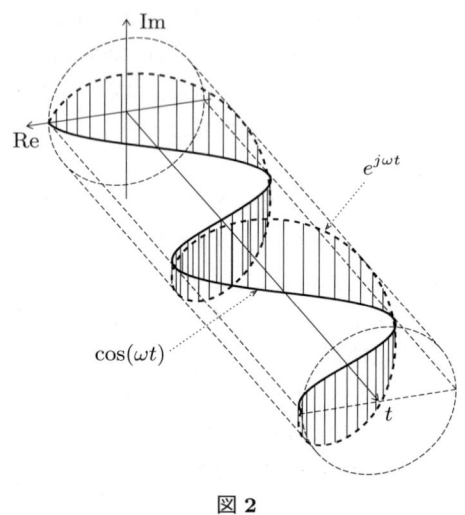

図 2

　複素世界の人が実数しか見えない世界の住人に螺旋を見せるためには，どうすればよいだろうか。それは，虚軸上無限大の位置から螺旋運動する点に光を当てて，その影を実軸と時間軸でできる平面に落とせばよい。この影を落とす作業を数学的に表現すると，たがいに逆回転する二つの螺旋を考え，これらを足して 2 で割ることでできる点の運動を考えればよい。そうすれば，その点は必ず実軸と時間軸でできる平面内で運動する。こうすることで，実数世界の住人にも螺旋を見せることができる。フラットランドの住人が実際に球を見ることはできず，その断片である円しか見えないのと同じように，実数世界の住人も螺旋を螺旋として見ることはできないが，影である正弦波は見ることができる。

　正弦波に限らず，われわれの世界の信号はすべて実数でしか観測できない。しかし，これは複素世界では別の姿をしており，われわれの観測しているものはその影だとみなせる。正弦波は波ではない。たがいに逆回転する二つの螺旋を合成した点の影だと理解しよう。

章 末 問 題

【1】 つぎの角度をラジアンで表現せよ。
(1) 30 [°]　(2) 45 [°]　(3) 120 [°]　(4) 180 [°]　(5) $180/\pi$ [°]

【2】 信号 $x(t) = 3\sin(5\pi t - \pi/3)$ の振幅，角周波数，初期位相，周期，周波数を求めよ。

【3】 つぎの複素数を極座標表現 $re^{j\theta}$ で表せ。ただし $r \geq 0$ かつ $-\pi < \theta \leq \pi$ とせよ。
(1) $\sqrt{3} + j$　(2) $2 - j2$　(3) $-1 - j\sqrt{3}$　(4) j　(5) -1
(6) $j(\sqrt{3} + j)$　(7) $(\sqrt{3} + j)(2 - j2)$　(8) $-(\sqrt{3} + j)(1 + j\sqrt{3})$
(9) $\dfrac{\sqrt{3} + j}{2 - j2}$　(10) $\dfrac{2 - j2}{-j}$　(11) $\{j(\sqrt{3} + j)\}^{-7}$　(12) $\left(\dfrac{-j}{\sqrt{3} + j}\right)^{-5}$

【4】 次式についてオイラーの公式を用いて証明せよ。
(1) $\cos(A + B) = \cos A \cos B - \sin A \sin B$
(2) $(\cos A + j\sin A)^n = \cos(nA) + j\sin(nA)$
(3) $\sin(3A) = 3\sin A - 4\sin^3 A$

【5】 つぎの問に答えよ。
(1) 初項 1，項比 0.5 の無限等比数列の和を求めよ。
(2) 初項 $e^{j\pi/3}$，項比 $e^{j\pi/6}/\sqrt{3}$ の無限等比数列の和を求めよ。

【6】 $\boldsymbol{e}_0 = (1,1,1,1)$, $\boldsymbol{e}_1 = (1,1,-1,-1)$, $\boldsymbol{e}_2 = (1,-1,1,-1)$, $\boldsymbol{e}_3 = (1,-1,-1,1)$ がたがいに直交することを示し，$\boldsymbol{x} = (1,2,3,-1)$ を直交分解せよ。

2 信号とシステムの数学的表現

本章では,離散時間信号と離散時間システムの数学的表現について述べる。信号は単位インパルス信号で,システムは遅延子,係数乗算器,加算器で表現されることを説明し,さらに,差分方程式によるシステムの表現について解説する。

2.1 離散時間信号の数学的表現

離散時間信号は,サンプリング周期 T の整数倍の時刻 $t = nT$ (n は整数) でのみ値が定義される。そこで,本書では信号を式で表す際,時刻は T を省略して n で表すこととする。

図 2.1 に示すように,時刻 $n = 0$ で 1,その他の時刻でつねに 0 となる信号 $\delta(n)$ を**単位インパルス信号**(unit impulse signal)という。

$$\delta(n) = \begin{cases} 1 & (n = 0) \\ 0 & (n \neq 0) \end{cases} \tag{2.1}$$

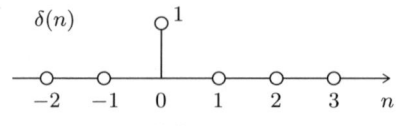

図 2.1 単位インパルス信号

図 2.2 に示すような離散時間信号

$$x(n) = \begin{cases} 2 & (n=0) \\ 3 & (n=1) \\ -1 & (n=2) \\ 0 & (n \neq 0, 1, 2) \end{cases}$$

は，単位インパルス信号を用いてつぎのように表される．

$$x(n) = 2\delta(n) + 3\delta(n-1) - \delta(n-2)$$

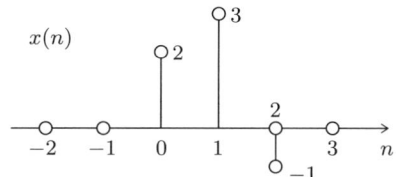

図 2.2　離散時間信号の例

このように表現できる理由は図 2.3 で説明できる．$2\delta(n)$ は $\delta(n)$ の振幅を 2 倍した信号，$3\delta(n-1)$ は $\delta(n)$ を右に 1 シフト（時間軸に対して平行移動）して 3 倍した信号，$-\delta(n-2)$ は右に 2 シフトして -1 倍した信号である．図から明らかなように，各時刻の値をそれぞれ足し合わせると，$x(n)$ の値と一致する．よって，$x(n)$ は上のように表される．

一般に離散時間信号 $x(n)$ は

$$\begin{aligned} x(n) &= \cdots + x(-1)\delta(n+1) \\ &\quad + x(0)\delta(n) \\ &\quad + x(1)\delta(n-1) \\ &\quad + \cdots \\ &= \sum_{k=-\infty}^{\infty} x(k)\delta(n-k) \end{aligned} \quad (2.2)$$

のように，**複数の単位インパルス信号の合成**によって表すことができる．

20   2. 信号とシステムの数学的表現

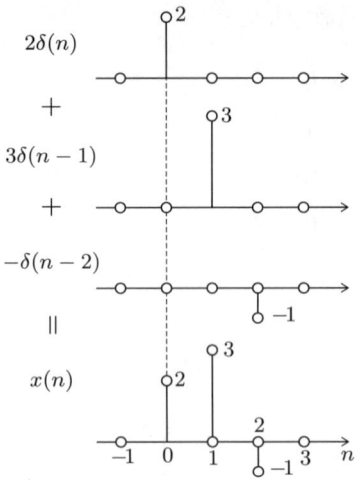

図 **2.3** 複数の単位インパルス信号による離散時間信号の表現

例題 2.1 図 **2.4** の各信号を，$\delta(n)$ を用いて表せ。

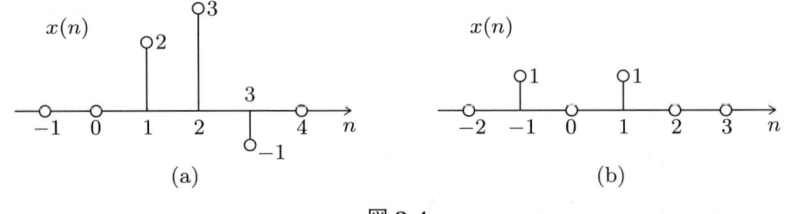

図 **2.4**

【解答】
(a) この信号は図 2.2 を右に 1 シフトした信号である。$2\delta(n)$, $3\delta(n-1)$, $-\delta(n-2)$ をそれぞれ右に 1 シフトして足し合わせることで $x(n)$ が得られる。

$$x(n) = 2\delta(n-1) + 3\delta(n-2) - \delta(n-3)$$

(b) 負の時刻の信号は $\delta(n)$ を左にシフトすればよい。$n = -1$ のとき 1, その他のとき 0 となる信号は $\delta(n+1)$ であるので

$$x(n) = \delta(n+1) + \delta(n-1)$$

と書ける。

例題 2.2 つぎの各信号を図示せよ。

(a) $x_1(n) = 2\delta(n+2) - \delta(n) + 3\delta(n-1) + \delta(n-2)$
(b) $x_2(n) = x_1(n-1)$
(c) $x_3(n) = x_1(n) + x_2(n)$

【解答】
(a) $\delta(n+2)$ は $\delta(n)$ を左に 2 シフトした信号である。したがって，信号は図 **2.5** (a) となる。

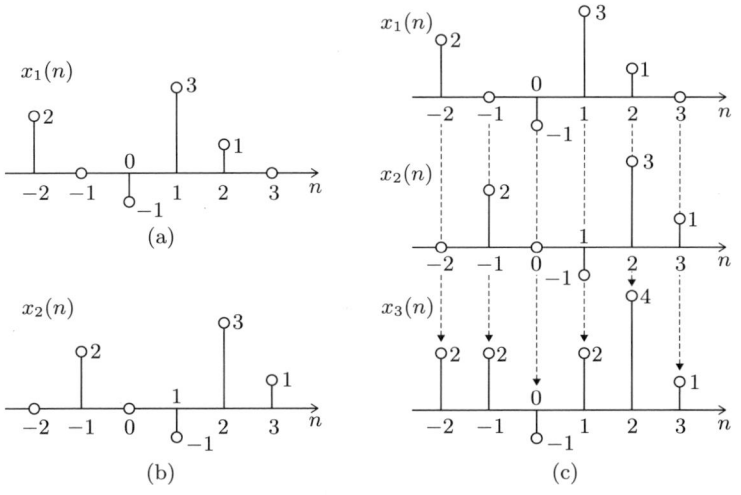

図 2.5

(b) $x_1(n-1)$ は $x_1(n)$ を右に 1 シフトした信号である。したがって，信号は図 2.5 (b) となる。

(c) $x_3(n)$ は $x_1(n)$ と $x_2(n)$ の各時刻における値を足し合わせることでできる信号である。したがって，信号は図 2.5 (c) となる。

◇

例題 2.3 つぎの各信号の概形を描き，$\delta(n)$ を用いて表せ。

(a) $u(n) = \begin{cases} 0 & (n < 0) \\ 1 & (n \geq 0) \end{cases}$

(b) $x_2(n) = \begin{cases} 0 & (n < 0) \\ a^n & (n \geq 0) \end{cases} \quad (a > 1)$

(c) $x_3(n) = u(n-2)$

(d) $x_4(n) = u(n) - u(n-2)$

【解答】

(a) 概形を図 **2.6** (a) に示す。$u(n)$ は $\delta(n)$ を $1, 2, 3, \cdots$ ずつ右にシフトした信号をすべて足し合わせることで得られる。

$$u(n) = \delta(n) + \delta(n-1) + \delta(n-2) + \cdots = \sum_{k=0}^{\infty} \delta(n-k)$$

この信号を**単位ステップ信号**（unit step signal）という。

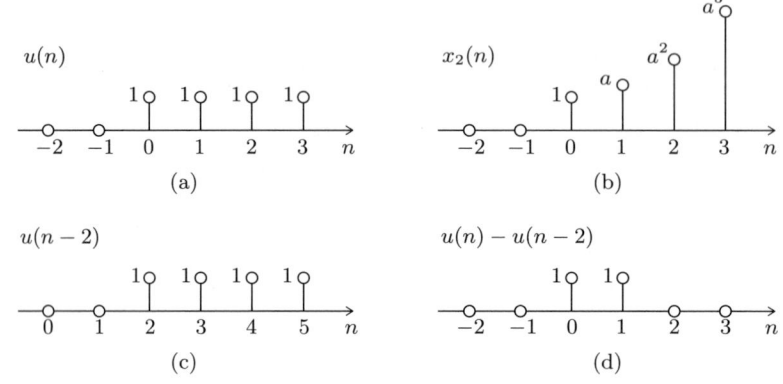

図 **2.6**

(b) 概形を図 2.6 (b) に示す。信号は $1, a, a^2, a^3, \cdots$ となり，$a > 1$ より発散する。この信号は $\delta(n)$ を $1, 2, 3, \cdots$ ずつ右にシフトした信号それぞれに，$a, a^2, a^3, \cdots$ をかけて和を計算すればよい。

$$x_2(n) = a^0 \delta(n) + a^1 \delta(n-1) + a^2 \delta(n-2) + \cdots = \sum_{k=0}^{\infty} a^k \delta(n-k)$$

(c) 概形を図 2.6 (c) に示す。単位ステップ信号を右に 2 シフトするので，(a) の計算を $k = 2$ から始めればよい。

$$x_3(n) = \delta(n-2) + \delta(n-3) + \delta(n-4) + \cdots = \sum_{k=2}^{\infty} \delta(n-k)$$

(d) 概形を図 2.6 (d) に示す。$n = 2$ 以降，$u(n)$ と $u(n-2)$ は等しく，その差は 0 となる。したがって，$x_4(n)$ は $n = 0$ および 1 のときのみ 1 となる信号である。

$$x_4(n) = \delta(n) + \delta(n-1)$$

2.2 離散時間システムの数学的表現

離散時間信号を処理するシステムを**離散時間システム** (discrete-time system) という。離散時間システムを構成する基本要素を図 **2.7** に示す。

- **遅延子**（delay）

  遅延子は入力信号を 1 時刻遅らせて出力する。すなわち，時刻 n において信号 $x(n)$ が入力されると，1 だけ過去の信号 $x(n-1)$ を出力する。

- **係数乗算器**（タップ）

  係数乗算器は入力信号を a 倍（定数倍）して出力する。すなわち，時刻 n において信号 $x(n)$ が入力されると，その信号の a 倍の信号 $ax(n)$ を遅延なく出力する。a を乗算器の**係数**または**タップ係数**という。

- **加算器**

  加算器は二つの入力信号の和を出力する。すなわち，時刻 n において二つの信号 $x_1(n), x_2(n)$ が入力されると，それらの信号の和 $x_1(n) + x_2(n)$ を遅延なく出力する。

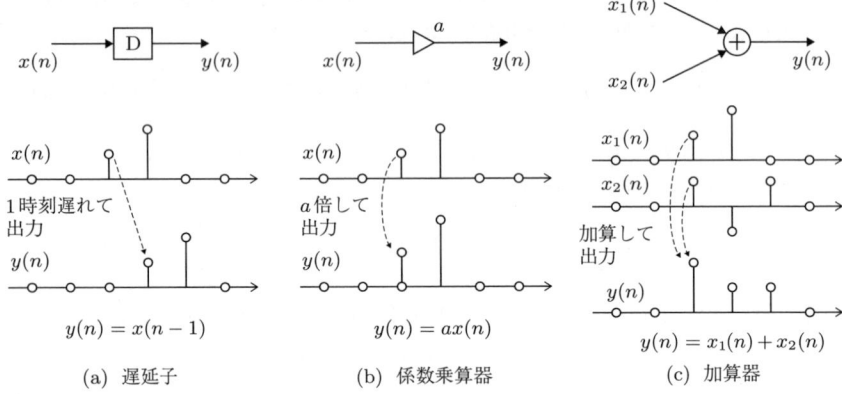

図 2.7　離散時間システムの基本要素

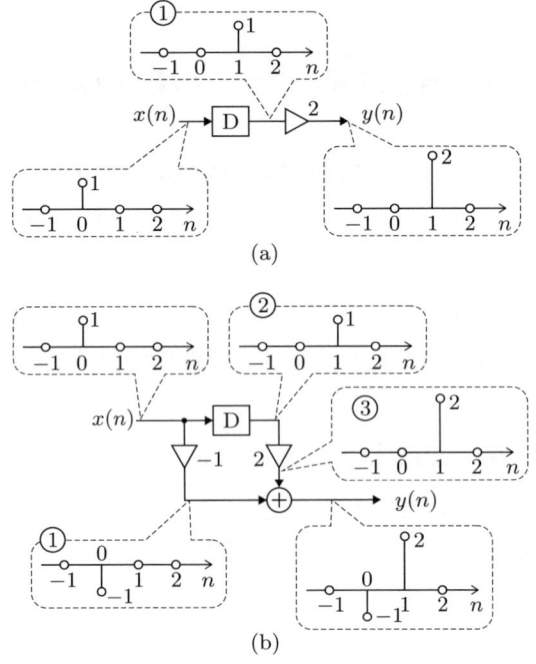

図 2.8　離散時間システムの例

図 **2.8** は離散時間信号を処理するシステムの例で，単位インパルス信号を入力したときの遅延子，係数乗算器，加算器の出力の様子を示している。

図 2.8 (a) のシステムでは，遅延子の出力は入力信号を右に 1 だけシフトした信号 ① となり，係数乗算器の出力は ① を 2 倍した信号となる。

図 2.8 (b) のシステムでは，−1 倍の係数乗算器の出力は，入力信号を −1 倍した信号 ①，2 倍の係数乗算器の出力は，入力を右に 1 だけシフトした信号 ② を 2 倍した信号 ③ となり，加算器の出力は ① と ③ の和となる。

例題 2.4 図 **2.9** に示す各システムに単位インパルス信号が入力されたとき，出力信号 $y(n)$ を $-1 \leq n \leq 2$ の範囲で求めて図示せよ。ただし $n < 0$ において $y(n) = 0$ と仮定せよ。

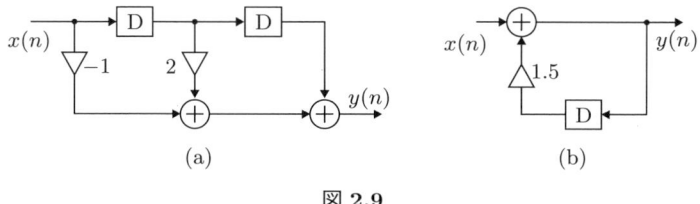

図 **2.9**

【解答】
(a) 図 **2.10** (a) に示すように，二つの遅延子の出力は，入力信号を右にそれぞれ 1, 2 だけシフトした信号 ①，② となる。左の加算器の出力は ③ と ① の 2 倍の信号の和となり，右の加算器の出力は ② と ④ の和となる。

(b) このシステムはある時刻の出力信号が，入力信号と 1 時刻前の出力信号で決まるシステムである。ある時刻の出力信号が，過去の出力の影響を受けるシステムを**フィードバックシステム**（feedback system）という。一方 (a) のように，過去の出力の影響を受けないシステムを**フィードフォワードシステム**（feedforward system）という。

　図 2.10 (b) に示すように，時刻 0 の出力信号 $y(0)$ は 1 時刻前の出力信号 $y(-1)$ の 1.5 倍と $x(0)$ の和であるが，$y(-1) = 0$ であるため，結局 1 となる。時刻 $n = 1$ 以降は入力信号は 0 であり，係数乗算器は 1 時刻前の出力信号の 1.5 倍を出力するため，図のようにシステムの出力信号は 1.5, 1.5^2 ($= 2.25$), ⋯ のようになる。

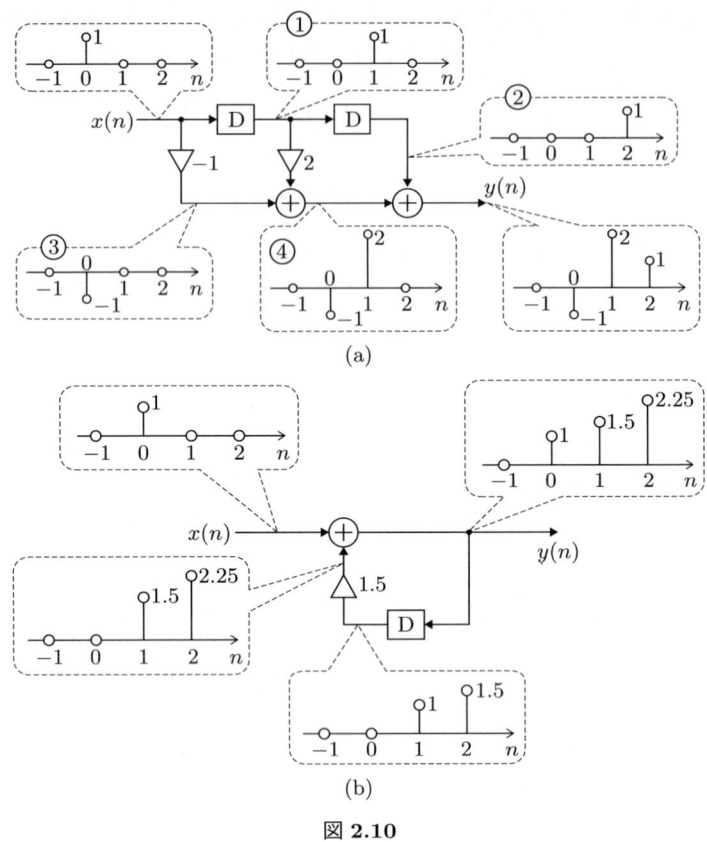

図 2.10

2.3 差分方程式

　離散時間システムの入出力関係を表した式を**差分方程式**（differential equation）という。図 2.11 (a) のシステムにおいて，遅延子の出力は $x(n)$ を 1 時刻遅延させた信号，すなわち 1 だけ右にシフトした信号であるので $x(n-1)$ と書け，また，それを係数乗算器で 2 倍した信号は $2x(n-1)$ と書ける。したがって，システムの差分方程式はつぎのように書ける。

2.3 差分方程式

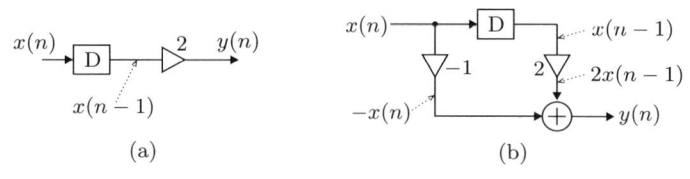

図 2.11 差分方程式の導出

$$y(n) = 2x(n-1)$$

また，図 2.11 (b) のシステムにおいて，二つの係数乗算器の出力はそれぞれ $-x(n)$, $2x(n-1)$ であり，出力信号はその和であるので，システムの差分方程式はつぎのように書ける．

$$y(n) = -x(n) + 2x(n-1)$$

例題 2.5 図 2.9 の各システムの差分方程式を求めよ．

【解答】
(a) 図 2.12 (a) のように，二つの遅延子の出力はそれぞれ $x(n-1)$, $x(n-2)$ であり，またタップ係数が $-1, 2$ の係数乗算器の出力は，それぞれ $-x(n)$, $2x(n-1)$ である．したがって，差分方程式は次式のように書ける．

$$y(n) = -x(n) + 2x(n-1) + x(n-2)$$

※ **注意** 遅延子の出力信号は 1 時刻だけ遅延するが，係数乗算器や加算器では遅延が生じないことに注意が必要である．例えば最初の加算器の出力は $-x(n) + 2x(n-1)$ であって，$-x(n-1) + 2x(n-2)$ ではない．

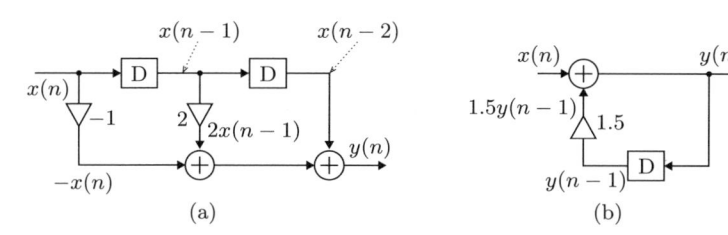

図 2.12

(b) 図 2.12 (b) のように，遅延子の出力は $y(n-1)$，係数乗算器の出力は $1.5y(n-1)$ であるので，差分方程式は次式となる。

$$y(n) = x(n) + 1.5y(n-1)$$

◇

例題 2.6 図 2.13 に示す各システムの差分方程式を求めよ。(d) については $x'(n)$ および $y(n)$ に関する二つの差分方程式を考えよ。

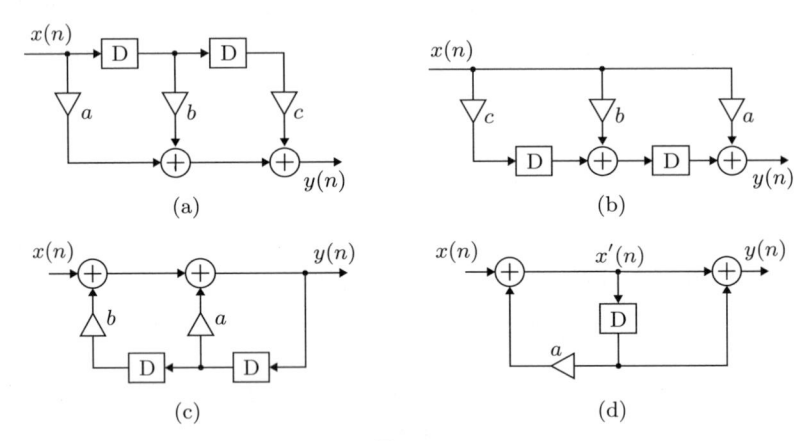

図 2.13

【解答】 各信号経路における信号を図 2.14 に示す。
(a) 最初の遅延子の出力は入力 $x(n)$ より 1 時刻遅れて $x(n-1)$，つぎの遅延子の出力は最初の遅延子の出力よりさらに 1 時刻遅れて $x(n-2)$ となる。左の加算器の出力は $ax(n) + bx(n-1)$ となるため，差分方程式は次式のように書ける。

$$y(n) = ax(n) + bx(n-1) + cx(n-2)$$

(b) 最初の加算器は，$x(n)$ の c 倍を 1 時刻遅延させた信号 $cx(n-1)$ と，$x(n)$ の b 倍の信号 $bx(n)$ の和 $cx(n-1) + bx(n)$ を出力する。つぎの加算器は，先の出力を 1 時刻遅延させた信号 $cx(n-2) + bx(n-1)$ と，$x(n)$ の a 倍の信号 $ax(n)$ の和を出力する。したがって，差分方程式は次式となる。

2.3 差 分 方 程 式　　29

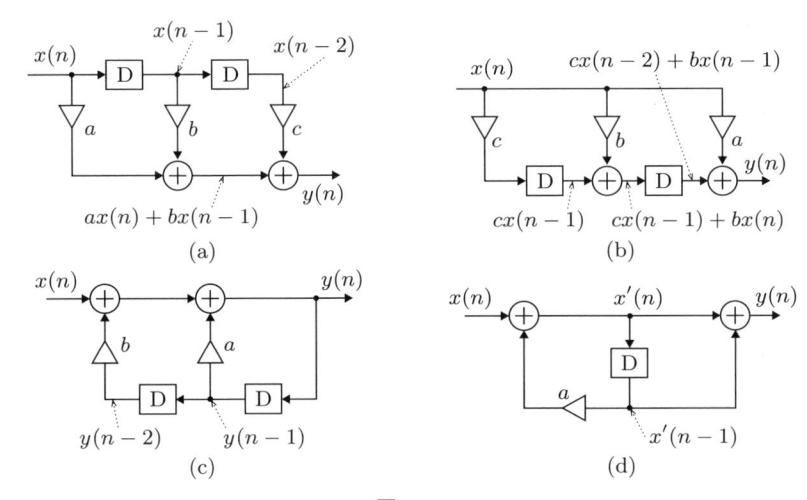

図 2.14

$$y(n) = ax(n) + bx(n-1) + cx(n-2)$$

すなわち (a) と (b) のシステムは同じ出力となることがわかる。

(c) システムの出力を入力側に戻す最初の遅延子（右の遅延子）の出力は，$y(n)$ より 1 時刻遅れて $y(n-1)$，つぎの遅延子出力はさらに 1 時刻遅れて $y(n-2)$ となる。したがって，差分方程式は次式のように書ける。

$$y(n) = x(n) + ay(n-1) + by(n-2)$$

(d) $x'(n)$ は入力信号 $x(n)$ と 1 時刻遅延した自らの信号の a 倍 $ax'(n-1)$ の和となっている。また，システムの出力 $y(n)$ は $x'(n)$ と $x'(n-1)$ との和となっている。したがって，差分方程式は次式のようになる。

$$x'(n) = x(n) + ax'(n-1)$$
$$y(n) = x'(n) + x'(n-1)$$

◇

例題 2.7 つぎの差分方程式に対応するシステムを図示せよ。ただし $x(n)$ を入力信号，$y(n)$ を出力信号とせよ。

(a) $y(n) = ax(n-2) + x(n-4)$
(b) $y(n) + ay(n-1) = x(n) + bx(n-1)$
(c) $y(n) = y(n-1) + ax(n)$
(d) $x(n) = x(n-1) + ay(n)$

【解答】 ある差分方程式に対応するシステムは無数に考えられる。ここでは，できるだけ単純なシステムを考える。左辺を $y(n)$ のみの式とすることで求められる。

(a) 図 2.15 (a) に求めるシステムの一例を示す。

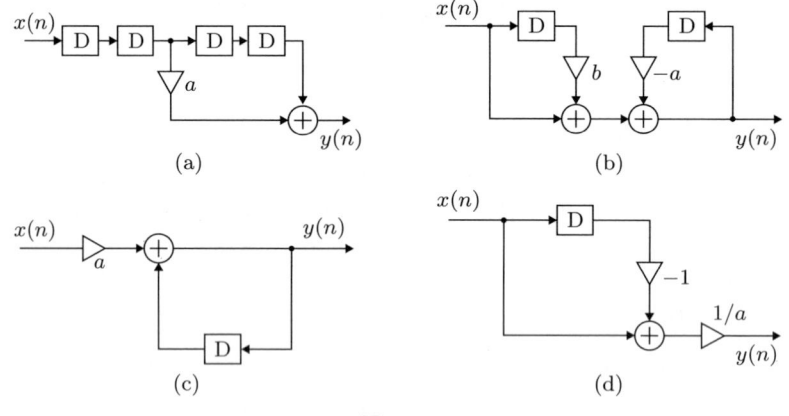

図 2.15

(b) $y(n)$ のみを左辺に残すと

$$y(n) = x(n) + bx(n-1) - ay(n-1)$$

となる。これより図 (b) が解答例となる。

(c) 図 (c) に求めるシステムの一例を示す。

(d) $y(n)$ について解くと

$$y(n) = \frac{1}{a}\{x(n) - x(n-1)\}$$

と書けるので，図 (d) が解答例となる。

◇

コーヒーブレイク

風呂場とカラオケとケータイ

風呂場で歌うと声が反響しエコーがかかるので,うまくなった気分になる。カラオケのエコーは人工的に作り出したものだが,どうやって作り出すのだろう。

エコーは自分の発した声の音波(直接波)と,壁で反射して遅れて届く音波(遅延波)との和で表される。例えば遅延波が直接波より1時刻(T)遅れ,強さが半分で届くとする。この場合,耳に聞こえる音波は,**図1**のようなシステムに元の音波を入力した際の出力と同じである。風呂場が小さいときは遅延は小さく,大きな風呂場なら大きくなるだろう。また実際の遅延波の数はもっと多い。遅延波の遅延時間や強さや数をいろいろ調整することで,いろいろな風呂場を再現できる。これがカラオケのエコーの仕組みである。

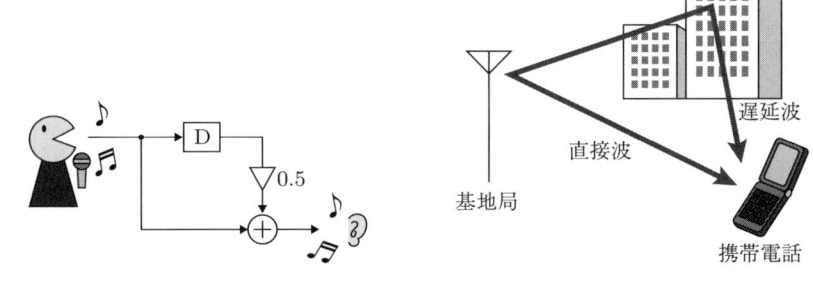

図1　エコーの仕組み　　　図2　マルチパス

ところで,携帯電話の受信電波にも,じつはエコーがかかっている。携帯電話が基地局から受信する電波は,**図2**に示すように,基地局から直接届く**直接波**と,ビルや山で反射して遅れて届く**遅延波**がある。このような状況を**マルチパス**と呼ぶ。

遅延波は直接波に重なって受信されるため,携帯電話は基地局が送信した本当の信号を知ることができない。例えば基地局が1, 2, 3という信号をサンプル時間 T ごとに順に送信したとする。そして,受信側では直接波に加えて,遅延波が T 時間後に半分の強さで届くとする。すると,1, 2, 3以外に T だけ遅れて 0.5, 1, 1.5 を重ねて受信することになる。これにより,以下のような計算で受信信号は 1, 2.5, 4, 1.5 となる。

	1	2	3		送信信号
+)		0.5	1	1.5	遅延信号
	1	2.5	4	1.5	受信信号

このように，遅延波が妨害して正しい信号を知ることができない状況になる。風呂場やカラオケならエコーのおかげで気持ち良く歌えるが，携帯電話の場合には困った問題になる。

この問題は，ディジタル信号処理の技術を使うとスマートに解決できる。次章以降で少しずつ説明していこう。

章 末 問 題

【1】 図 2.16 の各信号を $\delta(n)$ を用いて表せ。

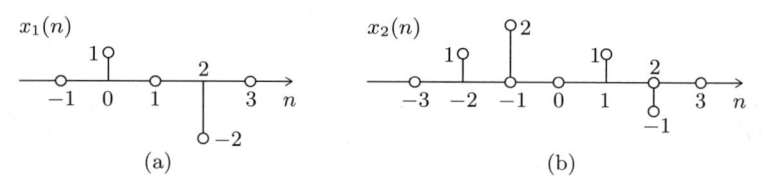

図 2.16

【2】 つぎの各信号を図示せよ。

(a) $x_1(n) = \delta(n) - \delta(n-1) + \delta(n-2)$ 　　(b) $x_2(n) = x_1(-n)$

(c) $x_3(n) = x_1(n) + x_2(n)$ 　　(d) $x_4(n) = x_1(-1-n)$

(e) $x_5(n) = x_3(2n)$

【3】 つぎの各信号を $\delta(n)$ を用いて表せ。また $-4 \leq n \leq 4$ の範囲で図示せよ。

(a) $x_1(n) = u(-n)$ 　　(b) $x_2(n) = u(n) + u(-n+1)$

(c) $x_3(n) = nu(n)$ 　　(d) $x_4(n) = nu(n-1)$

(e) $x_5(n) = \begin{cases} 0 & (n < 0) \\ 2^{-n} & (n \geq 0) \end{cases}$ 　　(f) $x_6(n) = \begin{cases} 0 & (n < 0) \\ (-1)^n & (n \geq 0) \end{cases}$

(g) $x_7(n) = 0.5^n u(n-1)$ 　　(h) $x_8(n) = u(n) \cos(\pi n/2)$

【4】 図 2.17 の各システムの差分方程式を求めよ。

図 2.17

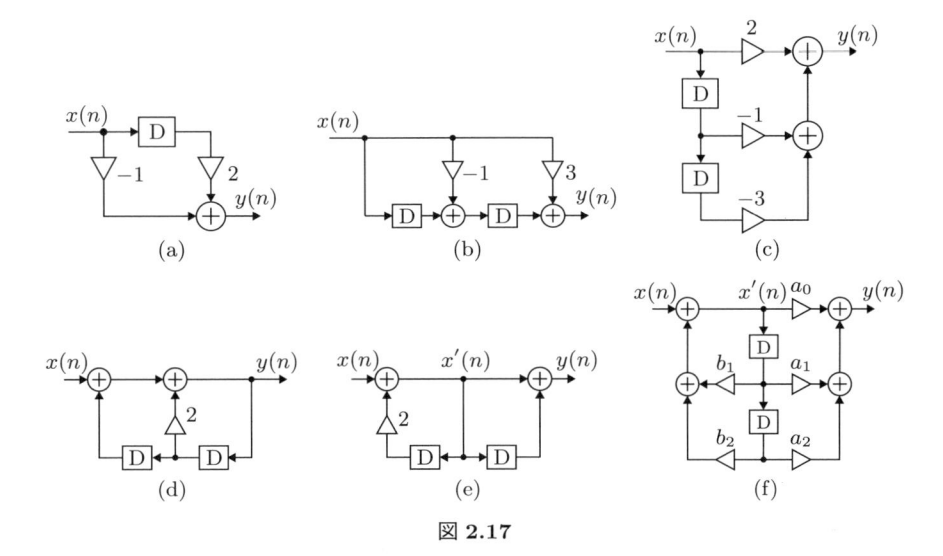

【5】 つぎの差分方程式に対応するシステムを図示せよ。ただし $x(n)$ を入力信号，$y(n)$ を出力信号とせよ。
(a) $y(n) = x(n) + ax(n-3)$
(b) $x(n) + ax(n-3) + bx(n-5) + y(n) = 0$
(c) $y(n) = x(n) + ay(n-2)$
(d) $x(n) = y(n) + ax(n-2)$
(e) $y(n) + ay(n-1) + by(n-2) = x(n)$
(f) $y(n) = x(n) - y(n+1)$

【6】 風呂場で歌うと，その声が壁に反射して耳に届きエコーとなる（本章のコーヒーブレイク参照）。自分が発する声の信号を $x(n)$，自分に聞こえる音の信号を $y(n)$ とすると，コーヒーブレイクの例では，これらの間に以下の差分方程式が成り立つ。

$$y(n) = x(n) + 0.5x(n-1)$$

狭い空間では音波は何度も壁で反射し，その都度遅延し，また強さが弱められる。1回の反射で音波が1時刻遅れ，強さが元の半分になるとき，このシステムの差分方程式を求めよ。ここで，反射は無限回あるとせよ。

3 インパルス応答とたたみ込み

本章では,システムの出力信号を求めるために必要となるインパルス応答について説明する。また,線形時不変システムとたたみ込みについて解説し,このたたみ込みによって出力信号が求められることを示す。

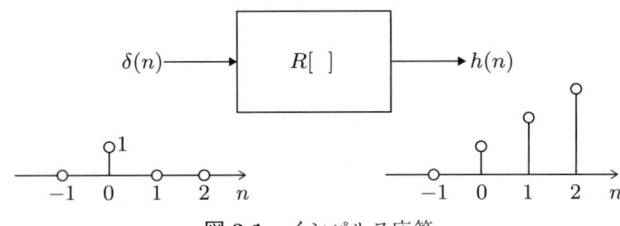

3.1 インパルス応答

任意の離散時間システムを $R[\ ]$, その入出力信号を $x(n), y(n)$ とするとき

$$y(n) = R[x(n)]$$

と書くこととする。図 **3.1** のようにシステム $R[\ ]$ に単位インパルス信号を入力したときに得られる出力信号を,システムの**インパルス応答** (impulse response) と呼ぶ。インパルス応答は一般に $h(n)$ と書き表す。

$$h(n) = R[\delta(n)] \qquad (3.1)$$

図 **3.1** インパルス応答

3.1 インパルス応答

インパルス応答は，システムの差分方程式より求めることができる．例えば図 **3.2** (a) に示すシステムの差分方程式は

$$y(n) = 2x(n) + 3x(n-1) - x(n-2)$$

である．ここでインパルス応答は $x(n) = \delta(n)$ としたときの出力であるので

$$h(n) = 2\delta(n) + 3\delta(n-1) - \delta(n-2)$$

と求められる．

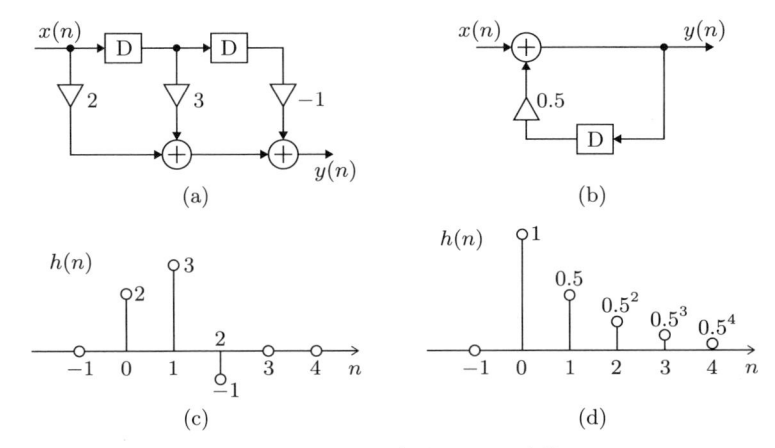

図 **3.2** システムとインパルス応答

また図 3.2 (b) のシステムの差分方程式は

$$y(n) = x(n) + 0.5y(n-1)$$

である．

ここで $x(n) = \delta(n)$ としても $y(n)$ は直接得られない．そこで $y(0)$, $y(1)$, $y(2)$, $\cdots$ と順に求めることを考える．$y(n) = 0 \ (n < 0)$[†]を仮定するとき，インパルス応答は

---

† これを**初期休止条件**という．

$$y(0) = \delta(0) + 0.5y(-1) = 1 + 0.5 \cdot 0 \quad = 1$$
$$y(1) = \delta(1) + 0.5y(0) \quad = 0 + 0.5 \cdot 1 \quad = 0.5$$
$$y(2) = \delta(2) + 0.5y(1) \quad = 0 + 0.5 \cdot 0.5 \quad = 0.5^2$$
$$y(3) = \delta(3) + 0.5y(2) \quad = 0 + 0.5 \cdot 0.5^2 = 0.5^3$$
$$\vdots$$

のように計算でき，したがって

$$h(n) = \delta(n) + 0.5\delta(n-1) + 0.5^2\delta(n-2) + \cdots$$
$$= \sum_{k=0}^{\infty} 0.5^k \delta(n-k) \tag{3.2}$$

のように求められる[†]。

それぞれのシステムのインパルス応答を図 3.2 (c) および (d) に示している。システムには，(c) のようにインパルス応答が有限（例では $n=0$ から 2 まで）となるシステムと，(d) のように無限に続くシステムがある。有限長のインパルス応答を持つシステムを**有限インパルス応答システム**（finite impulse response system; **FIR** system），無限長のインパルス応答を持つシステムを**無限インパルス応答システム**（infinite impulse response system; **IIR** system）と呼ぶ。

インパルス応答はシステムの特徴を表す重要な情報を含んでいる。例えば FIR システムでは，インパルス応答がシステム内の係数乗算器（タップ）の係数と一致する。先の例では，$h(0) = 2$, $h(1) = 3$, $h(2) = -1$ はシステム内の係数乗算器の係数 $2, 3, -1$ と一致している。

[†] 厳密には帰納法による証明を行う必要があるが，ここでは省略している。

例題 3.1 図 3.3 の各システムのインパルス応答を求めよ。ただし，(c) および (d) に対しては $n = 0 \sim 3$ まででよい。また，(c) では $y(n) = 0\,(n < 0)$ を，(d) では $x'(n) = 0\ (n < 0)$ を仮定せよ。

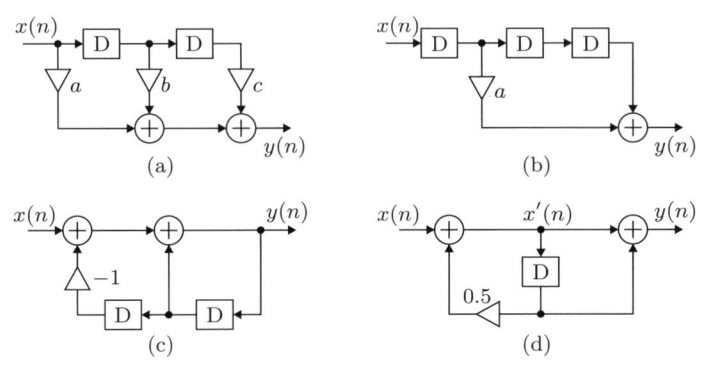

図 3.3

【解答】
(a) 差分方程式は $y(n) = ax(n) + bx(n-1) + cx(n-2)$ である。よって，$x(n)$ に $\delta(n)$ を代入し，出力 $h(n)$ は以下のようになる。

$$h(n) = a\delta(n) + b\delta(n-1) + c\delta(n-2)$$

(b) 差分方程式は $y(n) = ax(n-1) + x(n-3)$ である。よって，$x(n)$ に $\delta(n)$ を代入し，出力 $h(n)$ は以下のようになる。

$$h(n) = a\delta(n-1) + \delta(n-3)$$

(c) 差分方程式は $y(n) = x(n) - y(n-2) + y(n-1)$ である。よって，$x(n) = \delta(n)$ のとき，$y(n)$ は以下のように計算できる。

$$\begin{aligned}
y(0) &= \delta(0) - y(-2) + y(-1) = 1 - 0 + 0 = 1 \\
y(1) &= \delta(1) - y(-1) + y(0) = 0 - 0 + 1 = 1 \\
y(2) &= \delta(2) - y(0) + y(1) = 0 - 1 + 1 = 0 \\
y(3) &= \delta(3) - y(1) + y(2) = 0 - 1 + 0 = -1
\end{aligned}$$

したがって $n = 0 \sim 3$ までのインパルス応答は以下のとおりである。

$$h(0) = 1, \quad h(1) = 1, \quad h(2) = 0, \quad h(3) = -1$$

(d) 差分方程式は

$$x'(n) = x(n) + 0.5x'(n-1)$$
$$y(n) = x'(n) + x'(n-1)$$

である。よって $x(n) = \delta(n)$ のとき,$x'(n)$ は

$$x'(0) = \delta(0) + 0.5x'(-1) = 1 + 0.5 \cdot 0 \quad = 1$$
$$x'(1) = \delta(1) + 0.5x'(0) \quad = 0 + 0.5 \cdot 1 \quad = 0.5$$
$$x'(2) = \delta(2) + 0.5x'(1) \quad = 0 + 0.5 \cdot 0.5 \quad = 0.5^2$$
$$x'(3) = \delta(3) + 0.5x'(2) \quad = 0 + 0.5 \cdot 0.5^2 = 0.5^3$$

である。したがって,$y(n)$ は

$$y(0) = x'(0) + x'(-1) = 1 \quad + 0 \quad = 1$$
$$y(1) = x'(1) + x'(0) \quad = 0.5 \quad + 1 \quad = 1.5$$
$$y(2) = x'(2) + x'(1) \quad = 0.5^2 + 0.5 = 1.5 \cdot 0.5$$
$$y(3) = x'(3) + x'(2) \quad = 0.5^3 + 0.5^2 = 1.5 \cdot 0.5^2$$

であり,$n = 0 \sim 3$ までのインパルス応答は以下のとおりである。

$$h(0) = 1, \quad h(k) = 1.5 \cdot 0.5^{k-1} \ (0 < k \leq 3)$$

※ **注意** (d) の解答では $0 < k \leq 3$ と k の範囲が指定されているが,実際には k は ∞ まで成立する。ただし,厳密には帰納的な証明を行うか,次章以降の知識によって説明する必要がある。ここでは問題が $0 < k \leq 3$ の範囲で解答を要求しているため,上のような解答とする。 ◇

例題 3.2 つぎのインパルス応答を持つシステムの一例を図示せよ。

(a) $h(n) = 3\delta(n) + 2\delta(n-1) - 4\delta(n-2)$

(b) $h(n) = \sum_{k=0}^{3} a^k \delta(n-k)$

【解答】 例題 3.1 (a) で見たように,FIR システムのインパルス応答は,係数乗算器の係数(タップ係数)を順に並べたものと一致する。したがって,解は図 **3.4** のようになる。 ◇

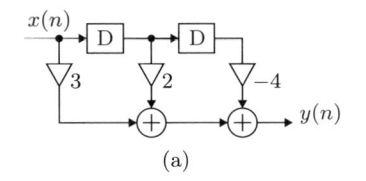

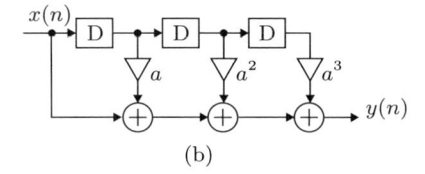

図 3.4

3.2 線形時不変システム

離散時間システムが，以下に説明する**線形性**と**時不変性**という二つの性質を兼ね備えているとき，これを**線形時不変システム**（linear time-invariant system）という。

- **線形性**

    任意の定数 a, b，任意の離散時間信号 $x_1(n), x_2(n)$ に対して次式が成り立つとき，システム $R[\ ]$ は**線形システム**（linear system）であるという。

$$aR[x_1(n)] + bR[x_2(n)] = R[ax_1(n) + bx_2(n)] \tag{3.3}$$

式 (3.3) は**図 3.5** によって説明できる。図 3.5 (a) は，二つの離散時間信号をそれぞれ独立にシステム $R[\ ]$ に入力し，これらの出力信号をそれぞれ a 倍および b 倍し，その和を計算しており，式 (3.3) の左辺を表している。図 3.5 (b) は，二つの離散時間信号をそれぞれ a 倍および b 倍して足し合わせ，その結果をシステム $R[\ ]$ に入力して出力信号を得てお

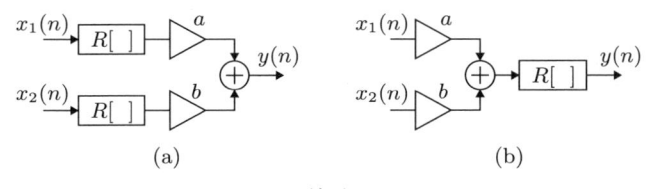

図 3.5 線形システム

り，これは式 (3.3) の右辺を表している．図 3.5 の (a) と (b) の出力信号が等しいとき，システム $R[\ ]$ は**線形である**という．

- **時不変性**

  任意の定数 k（正の整数）に対して次式が成り立つとき，このシステムは**時不変システム**（time-invariant system）であるという．

$$y(n-k) = R[x(n-k)] \tag{3.4}$$

  式 (3.4) は**図 3.6** によって説明できる．図 3.6 (a) は，離散時間信号をシステム $R[\ ]$ に入力し，その出力信号 $y(n)$ を k 個の遅延子に通して信号 $y(n-k)$ を得ており，式 (3.4) の左辺に対応する．図 3.6 (b) は，離散時間信号を先に k 個の遅延子に通して信号 $x(n-k)$ を得て，これをシステム $R[\ ]$ に入力して出力信号を求めており，式 (3.4) の右辺に対応する．図 3.6 の (a) と (b) の出力信号が等しいとき，システム $R[\ ]$ は**時不変である**という．

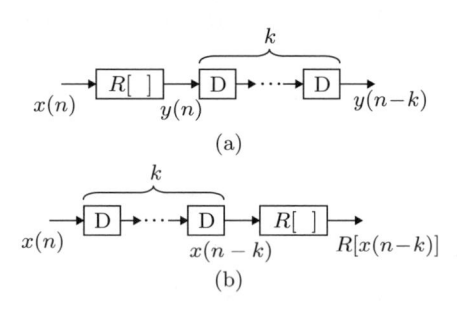

図 3.6 時不変システム

- **因果性**

  任意の時刻 n におけるシステムの出力 $y(n)$ が，その時刻以前に入力された信号 $x(k)$（$k \leq n$）のみに依存するシステムを**因果性システム**（causal system）という．

  実在するシステムは，必ず因果性システムであるといえる．なぜなら，ある時刻の出力は，必ずその時刻より前に入力された信号に依存し，そ

の時刻以降に入力されるであろう未来の入力信号の影響を受けるはずがないからである。線形時不変システムが因果性システムである必要十分条件は，以下のとおりである。

$$h(n) = 0 \quad (n < 0) \tag{3.5}$$

例題 3.3 つぎの差分方程式で定義されるシステムが線形時不変であることを証明せよ。

$$y(n) = 2x(n) - x(n-1)$$

【解答】 差分方程式で定義されるシステムを $R[x(n)] = 2x(n) - x(n-1)$ とする。二つの任意の離散時間信号 $x_1(n)$, $x_2(n)$ と，任意の定数 a, b に対して

$$aR[x_1(n)] = a\{2x_1(n) - x_1(n-1)\}$$
$$bR[x_2(n)] = b\{2x_2(n) - x_2(n-1)\}$$

より

$$aR[x_1(n)] + bR[x_2(n)]$$
$$= 2\{ax_1(n) + bx_2(n)\} - \{ax_1(n-1) + bx_2(n-1)\}$$

であり，一方

$$R[ax_1(n) + bx_2(n)]$$
$$= 2\{ax_1(n) + bx_2(n)\} - \{ax_1(n-1) + bx_2(n-1)\}$$

であることから，$aR[x_1(n)] + bR[x_2(n)] = R[ax_1(n) + bx_2(n)]$ が成り立つので，システムは線形である。

また，任意の正の整数 k に対して

$$R[x(n-k)] = 2x(n-k) - x(n-k-1)$$

である。一方，差分方程式から

$$y(n-k) = 2x(n-k) - x(n-k-1)$$

が成り立つので $R[x(n-k)] = y(n-k)$ を満たし，システムは時不変である。 ◇

3.3 たたみ込み

線形時不変システム $R[\ ]$ に,インパルス信号ではなく任意の離散時間信号を入力したとき,その出力信号はどのように計算すればよいだろうか。例として,離散時間信号

$$x(n) = \delta(n) + 2\delta(n-1)$$

を,インパルス応答が

$$h(n) = R[\delta(n)] = 2\delta(n) + 3\delta(n-1) - \delta(n-2)$$

であるシステムに入力する場合に対して,線形性と時不変性を利用する方法を考える[†]。

入力信号 $x(n)$ は,その定義からわかるとおり,二つのインパルス信号 $\delta(n)$ と $2\delta(n-1)$ に分解できる。したがって,システムの線形性および時不変性を利用して

$$\begin{aligned} y(n) &= R[x(n)] = R[\delta(n) + 2\delta(n-1)] \\ &= R[\delta(n)] + 2R[\delta(n-1)] = h(n) + 2h(n-1) \\ &= \{2\delta(n) + 3\delta(n-1) - \delta(n-2)\} \\ &\quad + 2\{2\delta(n-1) + 3\delta(n-2) - \delta(n-3)\} \\ &= 2\delta(n) + 7\delta(n-1) + 5\delta(n-2) - 2\delta(n-3) \end{aligned}$$

のように計算できる。2 行目の第 1 式から第 2 式を求める際に線形性を利用している。また,このとき第 2 項で時不変性を利用して $R[\delta(n-1)] = h(n-1)$ としている。

[†] この例のように,インパルス応答が有限長である FIR システムの場合,差分方程式を求め,これを用いて出力信号を計算する方法が考えられるが,差分方程式が求められない場合にも有効な方法として,ここではシステムの線形性と時不変性を利用する方法を考える。

この計算過程は**図 3.7**によっても説明できる．まず，図の左上の入力信号 $x(n)$ を，その下の二つのインパルス信号①，②に分ける．つぎに，それぞれのインパルス信号を独立にシステムに入力し，その出力③，④を求める．最後に，これらの信号の和を求めることで，図の右上の出力信号 $y(n)$ が求められる．

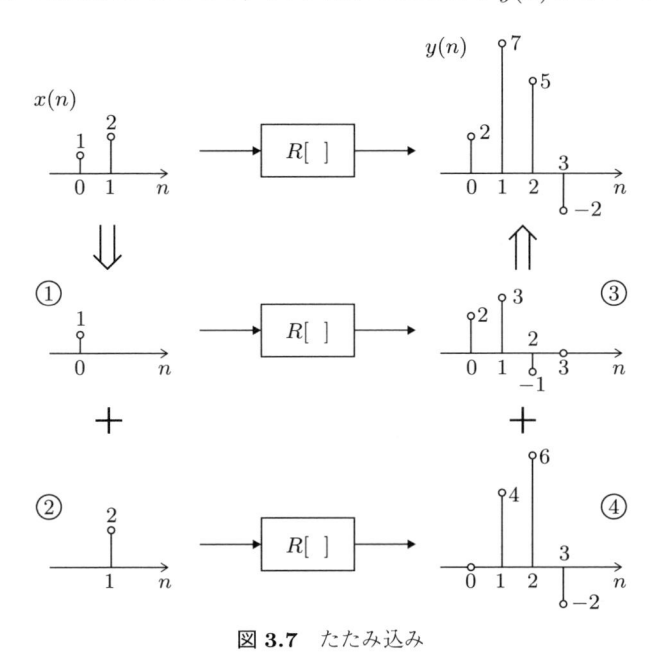

図 3.7 たたみ込み

一般に，インパルス応答が $h(n)$ であるような線形時不変システムに信号 $x(n)$ を入力するとき，入力信号を $x(0)\delta(n),\ x(1)\delta(n-1),\ x(2)\delta(n-2),\ \cdots$ のように複数のインパルス信号に分解し，これらを個別にシステムに入力して得られる出力信号 $x(0)h(n),\ x(1)h(n-1),\ x(2)h(n-2),\ \cdots$ を合成する（足し合わせる）ことで，出力信号 $y(n)$ が求められる．

$$y(n) = R[x(n)] = R\left[\sum_{k=-\infty}^{\infty} x(k)\delta(n-k)\right]$$

$$= \sum_{k=-\infty}^{\infty} x(k)R[\delta(n-k)]$$

$$= \sum_{k=-\infty}^{\infty} x(k)h(n-k) \tag{3.6}$$

このような計算を $x(n)$ と $h(n)$ の**たたみ込み**（convolution）という。たたみ込みの計算は，本書では記号 $*$ を使って以下のように書く。

$$x(n) * h(n) = \sum_{k=-\infty}^{\infty} x(k)h(n-k) \tag{3.7}$$

たたみ込みの計算では

$$x(n) * h(n) = \sum_{k=-\infty}^{\infty} x(k)h(n-k)$$
$$= \sum_{k=-\infty}^{\infty} h(k)x(n-k) = h(n) * x(n)$$

が容易に導けるので

$$y(n) = x(n) * h(n) = h(n) * x(n) \tag{3.8}$$

と書くことができる。

以上のようにシステムが線形時不変の場合，任意の入力信号に対する出力信号は，**システムの構造や差分方程式が未知であっても，インパルス応答さえわかれば計算できる**ことがわかる。

例題 3.4 $x(n) = \delta(n) + 2\delta(n-1) + 4\delta(n-2)$ が，次式で示されるインパルス応答を持つ線形時不変システムに入力されたとき，出力信号をたたみ込みによって計算せよ。

$$h(n) = 3\delta(n) - \delta(n-1)$$

【解答】 $x(n)$ は $n \neq 0, 1, 2$ ですべて 0 であるので，たたみ込みは次式のように書ける。

$$y(n) = \sum_{k=-\infty}^{\infty} x(k)h(n-k) = \sum_{k=0}^{2} x(k)h(n-k)$$
$$= x(0)h(n) + x(1)h(n-1) + x(2)h(n-2)$$
$$= h(n) + 2h(n-1) + 4h(n-2)$$

したがって，出力信号 $y(n)$ はつぎのように計算できる。

$$y(n) = 3\delta(n) - \delta(n-1)$$
$$+2\{3\delta(n-1) - \delta(n-2)\}$$
$$+4\{3\delta(n-2) - \delta(n-3)\}$$
$$= 3\delta(n) + 5\delta(n-1) + 10\delta(n-2) - 4\delta(n-3)$$

※ **注意**　たたみ込みは図 3.7 のように入力信号を分解し，おのおのの出力信号を求め，最後に合成することでも求められる。この例の場合，入力信号は 1, 2, 4 に分解でき，1 に対する出力は $h(n)$（つまり 3 と -1），2 に対する出力は $2h(n-1)$（6 と -2），4 に対する出力は $4h(n-2)$（12 と -4）である。よって，出力信号は以下のようにそれぞれを合成して求められる。

$h(n):$		3	-1	
$2h(n-1):$			6	-2
$4h(n-2):$	$+)$			12	-4
$y(n):$		3	5	10	-4

以上より，出力信号は 3, 5, 10, -4 と求められる。　　　　　　　　　◇

例題 3.5　$x(n) = 2\delta(n) + \delta(n-1)$ が，次式で示されるインパルス応答を持つ線形時不変システムに入力されたとき，$n = 0$ から 3 の範囲の出力信号をたたみ込みによって計算せよ。

$$h(n) = \sum_{k=0}^{\infty} 0.5^k \delta(n-k)$$

【解答】　たたみ込みの定義に従って計算する。$x(n) = 0$（$n \neq 0, 1$）より

$$y(n) = \sum_{k=-\infty}^{\infty} x(k)h(n-k) = 2h(n) + h(n-1)$$

となる。一方，$h(n)$ は以下のように展開できる。

$$h(n) = \delta(n) + 0.5\delta(n-1) + 0.5^2\delta(n-2) + 0.5^3\delta(n-3) + \cdots$$

すなわち，$h(-1) = 0$, $h(0) = 1$, $h(1) = 0.5$, $h(2) = 0.5^2$, $h(3) = 0.5^3$, $\cdots$ である。したがって，出力信号 $y(n)$ はつぎのように計算できる。

$$y(0) = 2h(0) + h(-1) = 2$$
$$y(1) = 2h(1) + h(0) = 2$$
$$y(2) = 2h(2) + h(1) = 1$$
$$y(3) = 2h(3) + h(2) = 0.5$$

※ **注意** 例題 3.4 の注意と同様の計算が可能である。入力信号は 2, 1 であり，入力 2 に対して $2h(n)$ ($=2, 1, 0.5, 0.5^2, \cdots$)，入力 1 に対して $h(n-1)$ ($=1, 0.5, 0.5^2, \cdots$) である。よって，出力信号は

$2h(n)$:		2	1	0.5	0.5^2	$\cdots$
$h(n-1)$:	+)		1	0.5	0.5^2	0.5^3	$\cdots$
$y(n)$:		2	2	1	0.5	$\cdots$

と計算できる。

　インパルス応答が無限に続くため，$y(n) = 2\delta(n) + 2\delta(n-1) + \delta(n-2) + 0.5\delta(n-3)$ のように，$n=3$ で信号を打ち切って解答してはいけない。　　◇

例題 3.6　インパルス応答が $h(n) = \delta(n) + \delta(n-1)$ の線形時不変システムに複素正弦波 $x(n) = e^{j\omega n}$ を入力したときの出力信号を計算せよ。

【解答】　$h(n) = 0$ ($n \neq 0, 1$) を用いて，たたみ込みの定義より計算する。

$$\begin{aligned}
y(n) &= \sum_{k=-\infty}^{\infty} h(k) x(n-k) \\
&= x(n) + x(n-1) = e^{j\omega n} + e^{j\omega(n-1)} \\
&= (1 + e^{-j\omega}) e^{j\omega n} = (e^{j\omega/2} + e^{-j\omega/2}) e^{-j\omega/2} \cdot e^{j\omega n} \\
&= 2\cos(\omega/2) e^{j\omega(n-0.5)}
\end{aligned}$$

　　◇

コーヒーブレイク

たたみ込みの"ひみつ"

(1) たたみ込みと多項式計算

たたみ込みは多項式を使うと容易に計算できる。例題 3.4, 3.5 を例として，その仕組みを紹介しよう。各例の注意で示したたたみ込みの計算方法は，多項式の乗除算ととらえることができる。

例題 3.4 の場合

$$
\begin{array}{rrrrr}
h(n): & 3 & -1 & & \\
2h(n-1): & & 6 & -2 & \\
4h(n-2): +) & & & 12 & -4 \\
\hline
y(n): & 3 & 5 & 10 & -4
\end{array}
$$

は，以下のようなかけ算の筆算とよく似た計算の下半分と同じである。

$$
\begin{array}{rrrrr}
h(n): & 3 & -1 & & \\
x(n): \times) & 1 & 2 & 4 & \\
\hline
& 3 & -1 & & \\
& & 6 & -2 & \\
& & & 12 & -4 \\
\hline
y(n): & 3 & 5 & 10 & -4
\end{array}
$$

また，この計算は整式の展開と同じである。例えば適当な変数 p を考え，その整式 $(3-p)(1+2p+4p^2)$ を展開するとき

$$
\begin{array}{rrrrr}
& 3 & - & p & \\
\times) & 1 & + 2p & + 4p^2 & \\
\hline
& 3 & - p & & \\
& & 6p & - 2p^2 & \\
& & & 12p^2 & - 4p^3 \\
\hline
& 3 & + 5p & + 10p^2 & - 4p^3
\end{array}
$$

のような計算をして，最終的に

$$(3-p)(1+2p+4p^2) = 3+5p+10p^2-4p^3$$

を得る。ここで各 p^n の次数 n を時刻とみなすと，$3-p$ はインパルス応答，$1+2p+4p^2$ は入力信号に対応し，展開後の式 $3+5p+10p^2-4p^3$ を出力信号と考えれば，例題 3.4 の解答と一致する。

例題 3.5 の場合

$$
\begin{array}{rlcccccc}
2h(n): & & 2 & 1 & 0.5 & 0.5^2 & \cdots & \\
h(n-1): & +) & & 1 & 0.5 & 0.5^2 & 0.5^3 & \cdots \\
\hline
y(n): & & 2 & 2 & 1 & 0.5 & \cdots &
\end{array}
$$

は，以下のようなかけ算の筆算とよく似た計算と下半分と同じである．

$$
\begin{array}{rlcccccc}
h(n): & & 1 & 0.5 & 0.5^2 & 0.5^3 & \cdots & \\
x(n): & \times) & 2 & 1 & & & & \\
\hline
& & 2 & 1 & 0.5 & 0.5^2 & \cdots & \\
& & & 1 & 0.5 & 0.5^2 & 0.5^3 & \cdots \\
\hline
y(n): & & 2 & 2 & 1 & 0.5 & \cdots &
\end{array}
$$

ここで，先のように入力信号とインパルス応答に対応する p の整式

$$x(n): \quad 2+p$$
$$h(n): \quad 1+0.5p+0.5^2p^2+0.5^3p^3+\cdots$$

を考える．ここで，インパルス応答に対応する整式は，初項 1，項比 $0.5p$ の無限等比数列の和になっている．いま，p が $|0.5p|<1$ を満たすと仮定すると，この和は

$$1+0.5p+0.5^2p^2+0.5^3p^3+\cdots = \frac{1}{1-0.5p}$$

に収束する．したがって，出力信号に対応する p の式は

$$y(n): \quad (2+p)\cdot\frac{1}{1-0.5p} = \frac{2+p}{1-0.5p}$$

となる．この割り算を筆算で計算すると

$$
\begin{array}{r}
2 + 2p + p^2 + 0.5p^3 + \cdots \\
1-0.5p \overline{\smash{)}\, 2 + p} \\
\underline{2 - p} \\
2p \\
\underline{2p - p^2} \\
p^2 \\
\underline{p^2 - 0.5p^3} \\
0.5p^3 \\
\underline{0.5p^3 - 0.5p^4} \\
0.5p^4 \\
\cdots
\end{array}
$$

となり，この割り算の結果 $2+2p+p^2+0.5p^3+\cdots$ から得られる信号は，例題 3.5 の解答と一致する．

ところで，多項式の乗算の順序が入れ替わっても結果は等しい．例えば，先の筆算の $3-p$ と $1+2p+4p^2$ の上下を入れ替えて

$$
\begin{array}{r}
1 + 2p + 4p^2 \\
\times)\ 3 - p \\
\hline
3 + 6p + 12p^2 \\
- p - 2p^2 - 4p^3 \\
\hline
3 + 5p + 10p^2 - 4p^3
\end{array}
$$

と計算しても，同じ結果が得られる．すなわち

$$(3-p)(1+2p+4p^2) = (1+2p+4p^2)(3-p)$$

である．したがって

$$x(n) * h(n) = h(n) * x(n)$$

が成立することも，容易に理解できる．

(2) マルチパスとたたみ込み

2 章のコーヒーブレイクで紹介した携帯電話の受信信号の求め方は，じつはたたみ込みの計算と同じである．この例では，直接波に対して 1 時刻遅れて強さが半分の遅延波が届くというマルチパスを考えた．したがって，基地局が 1, 2, 3 という信号を順に送信したとき，受信信号は以下のように計算された．

```
    1    2    3        送信信号
+)      0.5   1   1.5  遅延信号
    1   2.5   4   1.5  受信信号
```

ところで，このマルチパスは，遅延波の様子から**図1**のようなFIRシステムとみなせる。

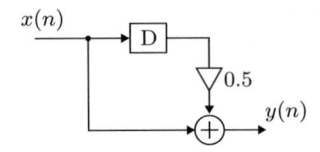

図1 1時刻遅れて強さが半分の遅延波が届くマルチパス

このシステムのインパルス応答は

$$h(n) = \delta(n) + 0.5\delta(n-1)$$

である。したがって，上の計算は図1のシステムに

$$x(n) = \delta(n) + 2\delta(n-1) + 3\delta(n-2)$$

を入力したときのたたみ込み $x(n) * h(n)$ の計算と同じである。なぜなら，このたたみ込みの計算は以下のように書けるからである。

```
x(n):           1    2    3
h(n):   ×)      1   0.5
                1    2    3
                    0.5   1   1.5
y(n):           1   2.5   4   1.5
```

この計算より，受信信号は

$$y(n) = \delta(n) + 2.5\delta(n-1) + 4\delta(n-2) + 1.5\delta(n-3)$$

と求められ，2章のコーヒーブレイクの結果と同じになる。

章 末 問 題

【1】 図 2.17 (a)〜(e) の各システムのインパルス応答を求めよ。ただし，(d) 以降については $n=0$〜3 のみでよい。また，(d) では $y(n)=0$ $(n<0)$ を，(e) では $x'(n)=0$ $(n<0)$ を仮定せよ。

【2】 図 3.8 のシステムについて，つぎの問に答えよ。
(1) $x'(n)$ および $y(n)$ について差分方程式を求めよ。
(2) $n=0$〜3 までのインパルス応答を求めよ。ただし $x'(n)=0$ $(n<0)$ とせよ。
(3) インパルス応答が単位インパルス信号となるような a, b を求めよ。

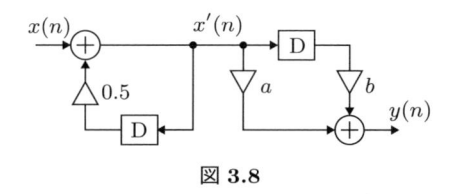

図 3.8

【3】 つぎの差分方程式で表されるシステムの線形性，時不変性について調べよ。
(1) $y(n) = x(n) + 2x(n-2) + 3x(n-3)$
(2) $y(n) = x(n) - 1$
(3) $y(n) = nx(n)$

【4】 以下のたたみ込みを $0 \leq n \leq 5$ の範囲で計算せよ。
(1) $a(n) * b(n)$
(2) $b(n) * c(n)$
(3) $c(n) * a(n)$

ただし

$$a(n) = u(n-1) - u(n-3)$$
$$b(n) = \delta(n) - \delta(n-1) + 0.5\delta(n-2)$$
$$c(n) = \sum_{k=0}^{\infty} 2^{-k}\delta(n-k)$$

とせよ。

【5】 図 2.17 (a)〜(c) のシステムに,離散時間信号

$$x(n) = \delta(n) - 2\delta(n-1) + 3\delta(n-2)$$

を入力したときの出力信号を求めよ。

【6】 次式を証明せよ。

$$\sum_{k=-\infty}^{\infty} x(k)h(n-k) = \sum_{k=-\infty}^{\infty} h(k)x(n-k)$$

4 z 変 換

本章では，信号の新しい数学的表現方法として z 変換を説明する．z 変換は信号を多項式で表現するもので，複雑な信号処理を簡単に表現することができる．ここでは次章以降の準備として，さまざまな信号の z 変換について解説する．

4.1 z 変換の定義

離散時間信号 $x(n)$ をつぎのような複素変数 z^{-1} の多項式に変換することを，**片側 z 変換**または単に **z 変換**（z transform）という[†1]．

$$\begin{aligned} X(z) &= \sum_{n=0}^{\infty} x(n) z^{-n} \\ &= x(0) + x(1) z^{-1} + x(2) z^{-2} + x(3) z^{-3} + \cdots \end{aligned} \quad (4.1)$$

この定義からわかるとおり，z 変換は元の信号の時刻 n の値に z^{-n} をかけ，これをすべての時刻にわたって足し合わせたものである[†2]．

以降，信号 $x(n)$ とその z 変換 $X(z)$ をつぎのように表現する．

$$x(n) \xleftrightarrow{z} X(z) \quad \text{または} \quad X(z) = \mathcal{Z}[x(n)]$$

[†1] $n = -\infty \sim \infty$ で定義される次式を**両側 z 変換**という．

$$X(z) = \sum_{n=-\infty}^{\infty} x(n) z^{-n}$$

[†2] ここで変数 z とはなにであるか疑問が残るが，ここでは離散時間信号を多項式に置き換えるために便宜的に導入された変数と考えることとする．

4. z 変換

主要な離散時間信号の z 変換を表 **4.1** にまとめる。

表 4.1 おもな離散時間信号とその z 変換

離散時間信号 $x(n)$	z 変換 $X(z)$
$\delta(n)$	1
$u(n)$	$\dfrac{1}{1-z^{-1}}$
$a^n u(n)$	$\dfrac{1}{1-az^{-1}}$
$nu(n)$	$\dfrac{z^{-1}}{(1-z^{-1})^2}$
$u(n)\sin(\omega n)$	$\dfrac{\sin(\omega)z^{-1}}{1-2\cos(\omega)z^{-1}+z^{-2}}$
$u(n)\cos(\omega n)$	$\dfrac{1-\cos(\omega)z^{-1}}{1-2\cos(\omega)z^{-1}+z^{-2}}$

例題 4.1 つぎの離散時間信号の z 変換を定義から求めよ。

(1) $x(n) = \delta(n)$

(2) $x(n) = \delta(n-2)$

(3) $x(n) = \delta(n) + 2\delta(n-1) - \delta(n-3)$

【解答】

(1) 単位インパルス信号は $n=0$ のみ 1 で，それ以外で 0 であるので，1 に z^0 をかけたものが z 変換の結果になる。

$$\begin{aligned}
X(z) &= \sum_{n=0}^{\infty} \delta(n) z^{-n} \\
&= \delta(0)z^0 + \delta(1)z^{-1} + \delta(2)z^{-2} + \delta(3)z^{-3} + \cdots \\
&= 1 + 0z^{-1} + 0z^{-2} + 0z^{-3} + \cdots \\
&= 1
\end{aligned}$$

(2) $\delta(n-2)$ は $n=2$ のときのみ 1 で，それ以外では 0 である。したがって，1 に z^{-2} をかけたものが z 変換の結果になる。

$$X(z) = \sum_{n=0}^{\infty} \delta(n-2) z^{-n}$$

$$= \delta(-2) + \delta(-1)z^{-1} + \delta(0)z^{-2} + \delta(1)z^{-3} + \cdots$$
$$= 0 + 0z^{-1} + 1z^{-2} + 0z^{-3} + \cdots$$
$$= z^{-2}$$

(3) $x(n)$ は, $n = 0, 1, 3$ で $1, 2, -1$ であり, それ以外で 0 であるので, $n = 0$, $1, 3$ の値に z^0, z^{-1}, z^{-3} をかけて総和を計算すればよい。

$$X(z) = 1 + 2z^{-1} + 0z^{-2} - 1z^{-3} + 0z^{-4} + \cdots = 1 + 2z^{-1} - z^{-3}$$

◇

例題 4.2 つぎの離散時間信号の z 変換を定義から求めよ。ただし k, a, ω は定数である。

(1) $x(n) = u(n)$ (2) $x(n) = u(n-k)$
(3) $x(n) = a^n u(n)$ (4) $x(n) = e^{j\omega n} u(n)$

【解答】
(1) 単位ステップ信号 $u(n)$ は $n = 0$ 以降すべて 1 であるので, 定義から

$$X(z) = 1 + z^{-1} + z^{-2} + z^{-3} + \cdots$$

となる。これは初項 1, 項比 z^{-1} の無限等比数列の和であるので, $|z^{-1}| < 1$ のときこの和は収束し, 無限等比数列の和の公式からつぎのように計算できる。

$$X(z) = \frac{1}{1 - z^{-1}} \quad (|z^{-1}| < 1 \text{ のとき})$$

$|z^{-1}| \geqq 1$ のとき $X(z)$ は発散する。以降発散する場合についての記述は省略する。

(2) $x(n)$ は $n = k$ 以降すべて 1 であるので, 定義から

$$X(z) = z^{-k} + z^{-(k+1)} + z^{-(k+2)} + z^{-(k+3)} + \cdots$$
$$= z^{-k}(1 + z^{-1} + z^{-2} + z^{-3} + \cdots)$$

となる。括弧の中は (1) と同じであるので, つぎのように計算できる。

$$X(z) = \frac{z^{-k}}{1 - z^{-1}} \quad (|z^{-1}| < 1 \text{ のとき})$$

(3) $x(n)$ は単位ステップ信号と数列 a^n の積と定義されているので，$n \geq 0$ で $1, a, a^2, a^3, \cdots$ である．したがって，この z 変換はつぎのように計算できる．

$$X(z) = 1 + az^{-1} + a^2 z^{-2} + a^3 z^{-3} + \cdots$$

これは初項 1，項比 az^{-1} の無限等比数列の和である．したがって，$|az^{-1}| < 1$ のとき収束して，つぎのように計算できる．

$$X(z) = \frac{1}{1 - az^{-1}} \quad (|az^{-1}| < 1 \text{ のとき})$$

(4) $x(n)$ は (3) における a に $e^{j\omega}$ を代入したものと等しい．したがって

$$X(z) = \frac{1}{1 - e^{j\omega} z^{-1}} \quad (|e^{j\omega} z^{-1}| < 1 \text{ のとき})$$

となる．

$\diamondsuit$

例題 4.3 離散時間信号 $x(n) = u(n) \cos(\omega_c n)$ の z 変換を定義から求めよ．ただし $\omega_s = 2\pi$ とせよ．

(1) $\omega_c = \dfrac{\omega_s}{2}$ 　　　　　　(2) $\omega_c = \dfrac{\omega_s}{3}$

【解答】

(1) $\omega_c = \pi$ より $x(n) = u(n) \cos(\pi n) = (-1)^n u(n)$ であり，z 変換は以下のようになる．

$$\begin{aligned} X(z) &= 1 - z^{-1} + z^{-2} - z^{-3} + \cdots \\ &= 1 + (-z^{-1})^1 + (-z^{-1})^2 + (-z^{-1})^3 + \cdots \\ &= \frac{1}{1 + z^{-1}} \quad (|z^{-1}| < 1 \text{ のとき}) \end{aligned}$$

(2) $\omega_c = 2\pi/3$ より，k を非負の整数としたとき

$$x(n) = u(n) \cos\left(\frac{2\pi n}{3}\right) = \begin{cases} 0 & (n < 0) \\ 1 & (n = 3k) \\ -0.5 & (n = 3k+1) \\ -0.5 & (n = 3k+2) \end{cases}$$

と書ける．したがって，z 変換は以下のように計算できる．

$$X(z) = (1 + z^{-3} + z^{-6} + \cdots) - 0.5(z^{-1} + z^{-4} + z^{-7} + \cdots)$$
$$\qquad - 0.5(z^{-2} + z^{-5} + z^{-8} + \cdots)$$
$$= \frac{1}{1-z^{-3}} - \frac{0.5z^{-1}}{1-z^{-3}} - \frac{0.5z^{-2}}{1-z^{-3}} = \frac{1 - 0.5z^{-1} - 0.5z^{-2}}{1-z^{-3}}$$
$$= \frac{(1-z^{-1})(1+0.5z^{-1})}{(1-z^{-1})(1+z^{-1}+z^{-2})} = \frac{1+0.5z^{-1}}{1+z^{-1}+z^{-2}} \quad (|z^{-3}| < 1 \text{ のとき})$$
◇

例題 4.4 つぎの離散時間信号の z 変換を定義から求めよ.

(1) $x(n) = nu(n)$ (2) $x(n) = u(n)\cos(\omega n)$

【解答】

(1) $x(n)$ は $0, 1, 2, \cdots$ と整数が無限に続く信号である. したがって, 定義より

$$X(z) = \sum_{n=0}^{\infty} nz^{-n} = z^{-1} + 2z^{-2} + 3z^{-3} + \cdots$$

のように計算できる. いま, $|z^{-1}| < 1$ のとき, 両辺に z^{-1} をかけて辺々を引き算すると

$$\begin{aligned} X(z) &= z^{-1} + 2z^{-2} + 3z^{-3} + \cdots \\ -)\quad z^{-1}X(z) &= \phantom{z^{-1} +\ } z^{-2} + 2z^{-3} + \cdots \\ \hline (1-z^{-1})X(z) &= z^{-1} + \ z^{-2} + \ z^{-3} + \cdots = \frac{z^{-1}}{1-z^{-1}} \end{aligned}$$

となる. したがって, $X(z)$ はつぎのように求まる.

$$X(z) = \frac{z^{-1}}{(1-z^{-1})^2} \quad (|z^{-1}| < 1 \text{ のとき})$$

(2) $\cos(\omega n)$ はオイラーの公式より

$$\cos(\omega n) = \frac{1}{2}(e^{j\omega n} + e^{-j\omega n})$$

であるので, $X(z)$ はつぎのように計算できる.

$$X(z) = \sum_{n=0}^{\infty} \cos(\omega n) z^{-n} = \sum_{n=0}^{\infty} \frac{1}{2}(e^{j\omega n} + e^{-j\omega n}) z^{-n}$$

ここで $|e^{j\omega}z^{-1}| < 1$ かつ $|e^{-j\omega}z^{-1}| < 1$ ならば, さらにつぎのように計算できる.

$$X(z) = \frac{1}{2}\left(\sum_{n=0}^{\infty} e^{j\omega n} z^{-n} + \sum_{n=0}^{\infty} e^{-j\omega n} z^{-n}\right)$$

$$= \frac{1}{2}\left(\frac{1}{1-e^{j\omega}z^{-1}} + \frac{1}{1-e^{-j\omega}z^{-1}}\right)$$

$$= \frac{1}{2}\frac{2-(e^{j\omega}+e^{-j\omega})z^{-1}}{1-(e^{j\omega}+e^{-j\omega})z^{-1}+z^{-2}}$$

$$= \frac{1-\cos(\omega)z^{-1}}{1-2\cos(\omega)z^{-1}+z^{-2}}$$

$(|e^{j\omega}z^{-1}| < 1$ かつ $|e^{-j\omega}z^{-1}| < 1$ のとき$)$

◇

例題 4.5 つぎの離散時間信号について，以下の問に答えよ．ただし $a \neq 0$, $_nC_k = n(n-1)\cdots(n-k+1)/\{k(k-1)\cdots 2\cdot 1\}$ とせよ．

$$x(n) = {_nC_k}\, a^{n-k+1} u(n)$$

(1) $k = 1, 2$ のとき $n \geq k$ における $x(n)$ を求めよ．
(2) $k = 1$ のとき例題 4.4 (1) の解法を参考に $X(z)$ を求めよ．
(3) $k = 2$ のとき $X(z)$ を求めよ．
   (ヒント：$X(z) - 2az^{-1}X(z) + a^2z^{-2}X(z)$ を計算する)

【解答】
(1) $_nC_1 = n$, $_nC_2 = n(n-1)/2$ である．したがって，$k = 1$ のとき $x(n) = na^n u(n)$, $k = 2$ のとき $x(n) = \frac{1}{2}n(n-1)a^{n-1}u(n)$ である．

(2) 以下のように $X(z) - az^{-1}X(z)$ を計算する．

$$X(z) = az^{-1} + 2a^2z^{-2} + 3a^3z^{-3} + \cdots$$
$$-)\quad az^{-1}X(z) = \qquad\quad a^2z^{-2} + 2a^3z^{-3} + \cdots$$
$$\overline{(1-az^{-1})X(z) = az^{-1} + a^2z^{-2} + a^3z^{-3} + \cdots = \frac{az^{-1}}{1-az^{-1}}}$$

これより，$X(z)$ はつぎのように求まる．

$$X(z) = \frac{az^{-1}}{(1-az^{-1})^2} \quad (|az^{-1}| < 1 \text{ のとき})$$

(3) 以下のように $X(z) - 2az^{-1}X(z) + a^2z^{-2}X(z)$ を計算する。

$$
\begin{array}{r}
X(z) = az^{-2} + 3a^2z^{-3} + 6a^3z^{-4} + 10a^4z^{-5} + \cdots \\
-2az^{-1}X(z) = \phantom{az^{-2} +} -2a^2z^{-3} - 6a^3z^{-4} - 12a^4z^{-5} - \cdots \\
+)\quad a^2z^{-2}X(z) = \phantom{az^{-2} + 3a^2z^{-3} +} a^3z^{-4} + 3a^4z^{-5} + \cdots \\ \hline
(1-az^{-1})^2 X(z) = az^{-2} + a^2z^{-3} + a^3z^{-4} + a^4z^{-5} + \cdots = \dfrac{az^{-2}}{1-az^{-1}}
\end{array}
$$

これより $X(z)$ はつぎのように求まる。

$$X(z) = \frac{az^{-2}}{(1-az^{-1})^3} \quad (|az^{-1}|<1 \text{ のとき})$$

※ **注意** 厳密には帰納的な証明が必要である。　　　　　　　　　　　◇

例題 4.6 つぎの差分方程式で表されるシステムのインパルス応答の z 変換を求めよ。ただし，$n<0$ で $y(n)=0$ とせよ。

(1) $y(n) = 2x(n) - 4x(n-1) + x(n-2)$

(2) $y(n) = x(n) + 0.5y(n-1)$

【解答】

(1) インパルス応答は $h(n) = 2\delta(n) - 4\delta(n-1) + \delta(n-2)$ であるので，この z 変換は以下のとおりとなる。

$$H(z) = 2 - 4z^{-1} + z^{-2}$$

(2) インパルス応答は p.36 の式 (3.2) より

$$h(n) = \delta(n) + 0.5\delta(n-1) + 0.5^2\delta(n-2) + \cdots$$

であるので，その z 変換は以下のとおりとなる。

$$H(z) = 1 + 0.5z^{-1} + 0.5^2 z^{-2} + \cdots = \frac{1}{1 - 0.5z^{-1}} \quad (|0.5z^{-1}|<1 \text{ のとき})$$

◇

4.2　z 変 換 の 性 質

z 変換の定義から，任意の離散時間信号 $x_1(n), x_2(n), x(n)$ と，その z 変換 $X_1(z) = \mathcal{Z}[x_1(n)]$, $X_2(z) = \mathcal{Z}[x_2(n)]$, $X(z) = \mathcal{Z}[x(n)]$ の間には，以下のような関係が成り立つ．

- 線形性

$$\mathcal{Z}[ax_1(n) + bx_2(n)] = a\mathcal{Z}[x_1(n)] + b\mathcal{Z}[x_2(n)]$$
$$= aX_1(z) + bX_2(z) \qquad (4.2)$$

ここで a, b は任意の定数である．

この性質によると，任意の離散時間信号を定数倍して足し合わせてできる信号の z 変換は，それぞれを独立に z 変換し，その後定数倍して和をとったものと等しい．

- 時間シフト

$$\mathcal{Z}[x(n-k)] = X(z)z^{-k} \qquad (4.3)$$

ただし $n < 0$ で $x(n) = 0$ とする．また，k は非負の整数である．

この性質によると，ある離散時間信号を k だけ遅らせてできる信号の z 変換は，元の信号の z 変換に z^{-k} をつけるだけでよい．

- 時間領域たたみ込み

$$\mathcal{Z}\left[\sum_{k=-\infty}^{\infty} x_1(k)x_2(n-k)\right] = X_1(z)X_2(z) \qquad (4.4)$$

ただし，$n < 0$ で $x_1(n) = x_2(n) = 0$ とする．

この性質によると，任意の離散時間信号のたたみ込みは，それぞれを独立に z 変換したものどうしの積に等しい．この性質はきわめて重要である．離散時間システムの出力信号は入力信号とインパルス応答のたたみ込みによって求められるが，式 (3.6) のたたみ込みは式が複雑で見通

しが悪い。このように z 変換することで，たたみ込みは単純な乗算に変換されるため，出力信号の計算が容易になる。

以上の性質を表 4.2 にまとめる。

表 4.2　おもな z 変換の性質

	離散時間信号 $x(n)$	z 変換 $X(z)$
線形性	$ax_1(n) + bx_2(n)$	$aX_1(z) + bX_2(z)$
時間シフト	$x(n-k)$ $(k>0)$ ($n<0$ のとき $x(n)=0$)	$X(z)z^{-k}$
時間領域たたみ込み	$\sum_{k=-\infty}^{\infty} x_1(k)x_2(n-k)$ ($n<0$ のとき $x_1(n) = x_2(n) = 0$)	$X_1(z)X_2(z)$

例題 4.7　つぎの z 変換の性質を，z 変換の定義から確認せよ。

(1)　$\mathcal{Z}[ax_1(n) + bx_2(n)] = aX_1(z) + bX_2(z)$（線形性）

(2)　$\mathcal{Z}[x(n-k)] = X(z)z^{-k}$（時間シフト）

【解答】

(1)　$ax_1(n) + bx_2(n)$ の z 変換は n に $0, 1, 2, \cdots$ を代入し，それぞれに z^0，$z^{-1}, z^{-2}, \cdots$ をかけて総和したものである。図 4.1 のように，この計算を x_1, x_2 それぞれに総和しても，得られる結果は等しい。この計算から，第 1 項は $aX_1(z)$，第 2 項は $bX_2(z)$ になる。以上を考慮し，証明はつぎのようになる。

$$
\begin{array}{rccl}
& ax_1(0) & + & bx_2(0) \quad (\times z^0 \\
& ax_1(1) & + & bx_2(1) \quad (\times z^{-1} \\
& ax_1(2) & + & bx_2(2) \quad (\times z^{-2} \\
+) & & \vdots & \\
\hline
& \multicolumn{3}{l}{a \sum_{n=0}^{\infty} x_1(n)z^{-n} + b \sum_{n=0}^{\infty} x_1(n)z^{-n}} \\
= & aX_1(z) & + & bX_2(z)
\end{array}
$$

図 4.1　二つの信号の和の z 変換

$$\mathcal{Z}[ax_1(n)+bx_2(n)]$$
$$=\sum_{n=0}^{\infty}\{ax_1(n)+bx_2(n)\}z^{-n}=a\sum_{n=0}^{\infty}x_1(n)z^{-n}+b\sum_{n=0}^{\infty}x_2(n)z^{-n}$$
$$=a\mathcal{Z}[x_1(n)]+b\mathcal{Z}[x_2(n)]=aX_1(z)+bX_2(z)$$

(2) 例えば，$x(n-2)$ の z 変換を定義から考えると

$$\mathcal{Z}[x(n-2)]=x(-1)+x(-2)z^{-1}+x(0)z^{-2}+x(1)z^{-3}+\cdots$$

であるが，$n<0$ のとき $x(n)$ はすべて 0 であるので

$$\begin{aligned}\mathcal{Z}[x(n-2)]&=0+0z^{-1}+x(0)z^{-2}+x(1)z^{-3}+\cdots\\&=x(0)z^{-2}+x(1)z^{-3}+x(2)z^{-4}+\cdots\\&=\{x(0)+x(1)z^{-1}+x(2)z^{-2}+\cdots\}z^{-2}\\&=\mathcal{Z}[x(n)]z^{-2}\end{aligned}$$

となる．先頭の二つの項がなくなるため，各 $x(n)$ には z^{-1} がその分だけ，つまり二つ余分につくことになり，結果的に $\mathcal{Z}[x(n)]$ に z^{-2} をかけたものと等しくなる．以上より証明はつぎのようになる．

$x(n-k)$ の z 変換は定義より

$$\begin{aligned}\mathcal{Z}[x(n-k)]&=\sum_{n=0}^{\infty}x(n-k)z^{-n}\\&=x(-k)+x(1-k)z^{-1}+x(2-k)z^{-2}+\cdots\\&\quad+x(0)z^{-k}+x(1)z^{-(k+1)}+x(2)z^{-(k+2)}+\cdots\end{aligned}$$

となるが，n が $0\sim k-1$ の範囲で $x(n-k)$ はすべて 0 であるので，つぎのように整理できる．

$$\begin{aligned}\mathcal{Z}[x(n-k)]&=x(0)z^{-k}+x(1)z^{-(k+1)}+x(2)z^{-(k+2)}+\cdots\\&=\{x(0)+x(1)z^{-1}+x(2)z^{-2}+\cdots\}z^{-k}\\&=\left\{\sum_{n=0}^{\infty}x(n)z^{-n}\right\}z^{-k}=X(z)z^{-k}\end{aligned}$$

◇

例題 4.8 つぎの離散時間信号の z 変換を求めよ。

(1) $x(n) = 2\delta(n) + 3u(n)$ 　　(2) $x(n) = u(n-5)$

(3) $x(n) = 0.5^{n-3}u(n-3)$

【解答】

(1) $x(n)$ は単位インパルス信号の 2 倍と単位ステップ信号の 3 倍の合成によりできる信号である。したがって，線形性の性質よりそれぞれを独立に z 変換し，足し合わせることで解が得られる。

$$X(z) = \mathcal{Z}[2\delta(n) + 3u(n)]$$
$$= 2\mathcal{Z}[\delta(n)] + 3\mathcal{Z}[u(n)] = 2 + \frac{3}{1-z^{-1}}$$

(2) $u(n-5)$ は単位ステップ信号を 5 だけ遅らせた信号であるので，時間シフトの性質より，z 変換はつぎのようになる。

$$X(z) = \mathcal{Z}[u(n-5)] = \mathcal{Z}[u(n)]z^{-5} = \frac{z^{-5}}{1-z^{-1}}$$

(3) $x(n)$ は $0.5^n u(n)$ を 3 だけ遅らせた信号であるので，時間シフトの性質より，z 変換はつぎのようになる。

$$X(z) = \mathcal{Z}[0.5^{n-3}u(n-3)] = \mathcal{Z}[0.5^n u(n)]z^{-3} = \frac{z^{-3}}{1-0.5z^{-1}}$$

　　　　　　　　　　　　　　　　　　　　　　　　　　　　　　　◇

例題 4.9 $x(n) = \delta(n) + 2\delta(n-1) + 4\delta(n-2)$, $h(n) = 3\delta(n) - \delta(n-1)$ のとき，これらの信号のたたみ込み

$$y(n) = \sum_{k=-\infty}^{\infty} x(k)h(n-k)$$

の z 変換を求めよ。

【解答】 たたみ込みに対する z 変換の性質によると，二つの信号のたたみ込み後の信号の z 変換は，それぞれの信号の z 変換の積で求められる。

$$Y(z) = \mathcal{Z}\left[\sum_{k=-\infty}^{\infty} x(k)h(n-k)\right] = X(z)H(z)$$

$X(z)$ と $H(z)$ は

$$X(z) = \mathcal{Z}[x(n)] = 1 + 2z^{-1} + 4z^{-2}, \quad H(z) = \mathcal{Z}[h(n)] = 3 - z^{-1}$$

である。したがって

$$Y(z) = X(z)H(z) = (1+2z^{-1}+4z^{-2})(3-z^{-1}) = 3+5z^{-1}+10z^{-2}-4z^{-3}$$

となる。

※ **別解** たたみ込みに対する z 変換の性質を用いない場合は

$$\begin{aligned}y(n) &= \sum_{k=-\infty}^{\infty} x(k)h(n-k) = \sum_{k=0}^{2} x(k)h(n-k) \\ &= h(n) + 2h(n-1) + 4h(n-2) \\ &= 3\delta(n) + 5\delta(n-1) + 10\delta(n-2) - 4\delta(n-3)\end{aligned}$$

より，この信号の z 変換から同じ結果が得られる。 ◇

例題 4.10 $x(n) = 2\delta(n) + \delta(n-1)$，$h(n) = \sum_{k=0}^{\infty} 0.5^k \delta(n-k)$ のとき，これらの信号のたたみ込みの z 変換を求めよ。

【解答】 $x(n)$ の z 変換は $X(z) = 2 + z^{-1}$，また $h(n)$ は

$$h(n) = \sum_{k=0}^{\infty} 0.5^k \delta(n-k) = 0.5^n u(n)$$

と書けるので，その z 変換は $H(z) = 1/(1 - 0.5z^{-1})$ である。

したがって，たたみ込み後の信号の z 変換は，以下のように計算できる。

$$\mathcal{Z}\left[\sum_{k=-\infty}^{\infty} x(k)h(n-k)\right] = X(z)H(z) = \frac{2+z^{-1}}{1-0.5z^{-1}}$$

◇

4.3 逆 z 変換

本節では，z 変換の逆変換として，定義に基づく方法と部分分数展開を用いる方法を解説する。

4.3 逆 z 変換　65

4.3.1 基本的な逆 z 変換

z 変換された式から，元の離散時間信号 $x(n)$ を求めることを，**逆 z 変換**という。信号が因果的で $X(z)$ が有理多項式の場合，z 変換の定義や表 4.1，表 4.2 を使って容易に逆 z 変換することができる。

例題 4.11　次式の逆 z 変換を求めよ。

(1)　$X(z) = 1 + 2z^{-1} + 3z^{-2} - 4z^{-3}$　　(2)　$X(z) = \dfrac{1}{1 - z^{-1}}$

【解答】

(1)　z 変換の定義より次式が得られる。

$$x(n) = \delta(n) + 2\delta(n-1) + 3\delta(n-2) - 4\delta(n-3)$$

(2)　表 4.1 より，$x(n) = u(n)$ が得られる。

$\diamondsuit$

例題 4.12　次式の逆 z 変換を求めよ。

(1)　$X(z) = 2 + \dfrac{3}{1 - z^{-1}}$　　(2)　$X(z) = \dfrac{z^{-2}}{1 - az^{-1}}$

(3)　$X(z) = \dfrac{1 - z^{-2}}{1 - z^{-1}}$　　(4)　$X(z) = \dfrac{1 + z^{-3}}{1 - z^{-1}}$

【解答】

(1)　$X(z)$ の第 1 項は $2\delta(n)$ の，第 2 項は $3u(n)$ の z 変換である。表 4.2 の線形性の性質より，求める信号はそれぞれを逆 z 変換してできる信号の和である。よって，次式が得られる。

$$x(n) = 2\delta(n) + 3u(n)$$

(2)　$X(z)$ は $1/(1 - az^{-1})$ と z^{-2} の乗算で，$1/(1 - az^{-1})$ は $a^n u(n)$ の z 変換である。表 4.2 の時間シフトの性質によると，求める信号は $a^n u(n)$ を 2 だけ遅らせた信号，すなわち n を $n - 2$ にした信号

$$x(n) = a^{n-2} u(n-2)$$

である。

(3) 分子を因数分解する。
$$X(z) = \frac{(1-z^{-1})(1+z^{-1})}{1-z^{-1}} = 1 + z^{-1}$$
したがって，次式が得られる。
$$x(n) = \delta(n) + \delta(n-1)$$

(4) $X(z)$ をつぎのように変形する。
$$X(z) = \frac{1+z^{-3}}{1-z^{-1}} = \frac{1}{1-z^{-1}} + \frac{z^{-3}}{1-z^{-1}}$$
第 1 項の逆 z 変換は $u(n)$，第 2 項の逆 z 変換は時間シフトの性質より $u(n)$ を 3 だけ遅延させた信号である。したがって，次式が得られる。
$$x(n) = u(n) + u(n-3)$$

◇

例題 4.13 次式の逆 z 変換を求めよ。

(1) $X(z) = \dfrac{4}{4-z^{-1}}$ (2) $X(z) = \dfrac{4^{-1}}{4^{-1}-z}$

【解答】
(1) 右辺の分母分子を 4 で割ると，表 4.1 が使える。
$$X(z) = \frac{1}{1-0.25z^{-1}}$$
より，以下が得られる。
$$x(n) = 0.25^n u(n)$$

(2) 右辺の分母分子を z で割ると
$$X(z) = \frac{4^{-1}z^{-1}}{4^{-1}z^{-1}-1} = -0.25\frac{z^{-1}}{1-0.25z^{-1}}$$
より，以下が得られる。
$$x(n) = -0.25 \cdot 0.25^{n-1} u(n-1) = -0.25^n u(n-1)$$

◇

4.3.2 部分分数展開法

$X(z)$ が**部分分数展開**できるとき，式を部分分数展開することで逆 z 変換を容易に計算できる。

例題 4.14 次式の逆 z 変換を求めよ。

$$X(z) = \frac{1}{(1 - 0.5z^{-1})(1 - z^{-1})}$$

【解答】 右辺を部分分数展開する。

$$X(z) = \frac{A_1}{1 - 0.5z^{-1}} + \frac{A_2}{1 - z^{-1}}$$

と仮定し，等式

$$\frac{1}{(1 - 0.5z^{-1})(1 - z^{-1})} = \frac{(A_1 + A_2) - (A_1 + 0.5A_2)z^{-1}}{(1 - 0.5z^{-1})(1 - z^{-1})}$$

を導出し，連立方程式

$$\begin{cases} A_1 + A_2 = 1 \\ A_1 + 0.5A_2 = 0 \end{cases}$$

から，$(A_1, A_2) = (-1, 2)$ と求められる。よって

$$X(z) = \frac{-1}{1 - 0.5z^{-1}} + \frac{2}{1 - z^{-1}}$$

となり，表 4.1 より

$$x(n) = -0.5^n u(n) + 2u(n) = (-0.5^n + 2)u(n)$$

と求められる。

※ 別解 以下に説明する部分分数展開の方法は，分解する分数が多数ある場合にきわめて有効である。

まず，A_1 を求めるために

$$X(z) = \frac{1}{(1 - 0.5z^{-1})(1 - z^{-1})} = \frac{A_1}{1 - 0.5z^{-1}} + \frac{A_2}{1 - z^{-1}}$$

のすべての式に $1 - 0.5z^{-1}$ をかける。

$$X(z)(1 - 0.5z^{-1}) = \frac{1}{1 - z^{-1}} = A_1 + \frac{A_2(1 - 0.5z^{-1})}{1 - z^{-1}}$$

ここで，$1 - 0.5z^{-1} = 0$ にするような $z = 0.5$ をすべての式の z に代入することを考える。第 3 式の第 2 項は $1 - 0.5z^{-1}$ を因数とするため 0 となり，第 3 式は A_1 のみとなる。よって，A_1 は第 1 式（実際には第 2 式）の z に 0.5 を代入するだけで求められることがわかる。

$$A_1 = X(z)(1 - 0.5z^{-1})\big|_{z=0.5} = \frac{1}{1 - z^{-1}}\bigg|_{z=0.5} = \frac{1}{1 - 1/0.5} = -1$$

同様にして，A_2 も以下のように求められる。

$$A_2 = X(z)(1 - z^{-1})\big|_{z=1} = \frac{1}{1 - 0.5z^{-1}}\bigg|_{z=1} = \frac{1}{1 - 0.5/1} = 2$$

◇

例題 4.15 次式の逆 z 変換を求めよ。

$$X(z) = \frac{z^{-1}}{1 - 0.25z^{-2}}$$

【解答】　右辺を部分分数展開する。

$$X(z) = \frac{z^{-1}}{(1 - 0.5z^{-1})(1 + 0.5z^{-1})} = \frac{A_1}{1 - 0.5z^{-1}} + \frac{A_2}{1 + 0.5z^{-1}}$$

とおくと

$$A_1 = X(z)(1 - 0.5z^{-1})\big|_{z=0.5} = \frac{1/0.5}{1 + 0.5/0.5} = 1$$

$$A_2 = X(z)(1 + 0.5z^{-1})\big|_{z=-0.5} = \frac{-1/0.5}{1 + 0.5/0.5} = -1$$

となり

$$X(z) = \frac{1}{1 - 0.5z^{-1}} - \frac{1}{1 + 0.5z^{-1}}$$

より

$$x(n) = \{0.5^n - (-0.5)^n\}u(n)$$

となる。

◇

例題 4.16 次式の逆 z 変換を求めよ。

$$X(z) = \frac{3z^{-1} - 1}{(1+z^{-1})(1-z^{-1})^2}$$

【解答】 右辺を部分分数展開する。

$$X(z) = \frac{A_1}{1+z^{-1}} + \frac{A_2}{(1-z^{-1})^2} + \frac{A_3}{1-z^{-1}}$$

とおくと

$$A_1 = X(z)(1+z^{-1})\big|_{z=-1} = \frac{-3-1}{(1+1)^2} = -1$$

$$A_2 = X(z)(1-z^{-1})^2\big|_{z=1} = \frac{3-1}{1+1} = 1$$

となる。また，A_3 を求めるには A_2 を求める際に考えた関係式

$$X(z)(1-z^{-1})^2 = \frac{3z^{-1}-1}{1+z^{-1}} = \frac{(1-z^{-1})^2}{1+z^{-1}}A_1 + A_2 + (1-z^{-1})A_3$$

において z^{-1} を s とおき，両辺を s で微分する。

$$\frac{4}{(1+s)^2} = \frac{-2(1-s)(1+s) - (1-s)^2}{(1+s)^2}A_1 - A_3$$

ここで，$s=1$ を代入して $A_3 = -1$ を得る。したがって

$$X(z) = \frac{-1}{1+z^{-1}} + \frac{1}{(1-z^{-1})^2} - \frac{1}{1-z^{-1}} = \frac{-1}{1+z^{-1}} + \frac{z^{-1}}{(1-z^{-1})^2}$$

となり，表 4.1 より

$$x(n) = \{(-1)^n + n\}u(n)$$

を得る。 ◇

例題 4.17 次式の逆 z 変換を求めよ。

$$X(z) = \frac{1 - 0.5z^{-1}}{1 - z^{-1} + z^{-2}}$$

【解答】 分母において z^{-1} を s とおいて因数分解すると，$1 - s + s^2 = (\alpha - s)(\beta - s)$，$\alpha = (1 + j\sqrt{3})/2 = e^{j\pi/3}$，$\beta = (1 - j\sqrt{3})/2 = e^{-j\pi/3}$ となる。したがって，$X(z)$ はつぎのように部分分数展開できる。

$$X(z) = \frac{0.5 e^{j\pi/3}}{e^{j\pi/3} - z^{-1}} + \frac{0.5 e^{-j\pi/3}}{e^{-j\pi/3} - z^{-1}} = \frac{0.5}{1 - e^{-j\pi/3} z^{-1}} + \frac{0.5}{1 - e^{j\pi/3} z^{-1}}$$

以上より $X(z)$ の逆 z 変換は，以下のように計算できる。

$$x(n) = 0.5 \left\{ \left(e^{-j\pi/3} \right)^n + \left(e^{j\pi/3} \right)^n \right\} u(n) = u(n) \cos(\pi n/3)$$

※ **別解** 表 4.1 の $u(n) \cos(\omega n)$ の z 変換において $\omega = \pi/3$ とすることでも求められる。　　　　　　　　　　　　　　　　　　　　　　　　　　　　　◇

> コーヒーブレイク

たたけばわかる

(1) ハンマーでたたけばすべてわかる

　建物や橋，トンネル，塔，ダムなどの構造物が地震などの外力に対してどのように振る舞うかは，地震国日本にとって重大な関心事である。対象が高校物理で習うような単純な質点なら，運動方程式を立てることで，さまざまな外力に対する振る舞いを容易に計算できる。しかし，実際の建物はあまりにも複雑すぎて，そのような方法で外力に対する応答を計算することはほとんど不可能である。

　この問題の解決策の一つとして，**建物をハンマーでたたいてみる**という方法がある。これは建物が線形時不変な FIR システムとみなせる場合に限る話だが，建物の壁をハンマーでたたくと，その衝撃はインパルス信号とみなせる。この衝撃が建物全体に伝わり，それを別の位置に取り付けた測定器で測定すると，これはすなわちインパルス応答である。インパルス応答はシステムの特徴を表す重要な情報を含んでいると 3 章で説明したが，一般に未知の FIR システムのインパルス応答を観測すれば，システム内のすべてのタップ係数を完全に知ることができる。このようにしてシステムの構造を検出することを**システム同定**という。例え

ば，図 1 のようにタップ係数が $1, a_1, a_2, \cdots, a_N$ の線形時不変な FIR システムにインパルス信号を入力すると，その出力であるインパルス応答は $1, a_1, a_2, \cdots, a_N$ となり，FIR システムのタップ係数が順に出力される．すなわち，FIR システムのインパルス応答は，システムの内部構造を写しとったレントゲン写真のようなものである．

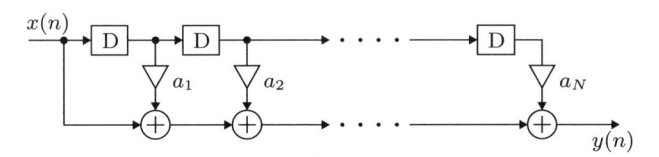

図 1 マルチパスと等価な FIR システム

建物をハンマーでたたき，インパルス応答さえ測定すれば，FIR システムのタップ係数は完全に知ることが可能となり，任意の外力（入力信号）が加えられたときの振る舞い（出力信号）は，その外力とインパルス応答とのたたみ込みによって簡単に計算できる．単純な方法ではあるが，建物がいかに複雑であってもこの方法は利用でき，きわめて強力な解析手段となる．

(2) インパルス応答でマルチパスを知る

2 章のコーヒーブレイクで，携帯電話におけるマルチパスについて紹介した．この例では，遅延波が直接波から「1 時刻遅れて強さが半分になる」というマルチパスを考えた．さて，このマルチパスはいったいどうやって知ることができたのだろうか．実際には，基地局，携帯電話，ビルなどの位置関係によって，遅延波の数はもっと多いのが普通であり，それぞれの強さもさまざまなはずである．いったいどうすればマルチパスの状況を検知できるだろうか．

例えば 1 時刻遅れの遅延波が元の信号の a_1 倍で届き，さらにもう 1 時刻遅れの遅延波が a_2 倍で届き，$\cdots$ となるとき，このマルチパスは図 1 の FIR システムとみなせる．そこで，基地局からインパルス信号を送信し，携帯電話でその信号を受信すると，ここからいくつの遅延波がどれくらいの強さで届くか容易にわかるのである．

ただし，実際にはインパルス信号を基地局から送ることは違法となる．この理由は 7 章のコーヒーブレイクで紹介する．

章 末 問 題

【1】 つぎの離散時間信号の z 変換を求めよ。
(1) $x_1(n) = \delta(n) + \delta(n-3) + \delta(n-6)$
(2) $x_2(n) = u(n) - u(n-4)$
(3) $x_3(n) = \displaystyle\sum_{k=-\infty}^{\infty} x_1(k) x_2(n-k)$
(4) $x_4(n) = a^{n-2} u(n)$
(5) $x_5(n) = a^n u(n-2)$
(6) $x_6(n) = (e^{j\omega n} + e^{-j\omega n}) u(n-1)$
(7) $x_7(n) = u(n) \cos\{\omega(n-1)\}$
(8) $x_8(n) = (n+1) u(n)$
(9) $x_9(n) = \left(\displaystyle\sum_{k=0}^{n+1} k\right) u(n)$
(ヒント：$X_9(z) - 2z^{-1} X_9(z) + z^{-2} X_9(z)$)

【2】 次式の逆 z 変換を求めよ。
(1) $X_1(z) = 1 + 2z^{-1} + 3z^{-2}$
(2) $X_2(z) = (1 + z^{-1} + z^{-2})^2$
(3) $X_3(z) = 1 + 2z^{-1} + \dfrac{3}{3 - z^{-1}}$
(4) $X_4(z) = \dfrac{1 - z^{-3}}{1 - z^{-1}}$
(5) $X_5(z) = \dfrac{1}{8 - 6z^{-1} + z^{-2}}$
(6) $X_6(z) = \dfrac{z}{4z^2 - 1}$
(7) $X_7(z) = \dfrac{z^2 + 2z + 1}{z^2 - 1}$
(8) $X_8(z) = \dfrac{\sqrt{2} z^{-1}}{1 - \sqrt{2} z^{-1} + z^{-2}}$

5 伝達関数

本章では，システムを特徴付ける重要な式である伝達関数とその応用法について述べる．インパルス応答や差分方程式から伝達関数を求める方法を示し，その応用として，複雑なシステムの出力を簡単に求める方法を解説する．また，伝達関数とシステムの安定性の関係について説明する．

5.1 伝達関数の定義

線形時不変システムの出力信号は，そのシステムのインパルス応答 $h(n)$ と入力信号 $x(n)$ のたたみ込みによって計算できる．

$$y(n) = \sum_{k=-\infty}^{\infty} x(k)h(n-k) = \sum_{k=-\infty}^{\infty} h(k)x(n-k)$$

ここで，インパルス応答，入力信号，出力信号の z 変換をそれぞれ，$H(z) = \mathcal{Z}[h(n)]$, $X(z) = \mathcal{Z}[x(n)]$, $Y(z) = \mathcal{Z}[y(n)]$ とすると，たたみ込みに対する z 変換の性質より次式が成り立つ．

$$Y(z) = X(z)H(z) = H(z)X(z)$$

この式において，$H(z)$ をシステムの**伝達関数**（transfer function）という．

システムの伝達関数は，そのシステムのインパルス応答を z 変換して

$$H(z) = \sum_{n=0}^{\infty} h(n)z^{-n} \tag{5.1}$$

のようにして求めるか，または差分方程式の z 変換から

$$H(z) = \frac{Y(z)}{X(z)} \tag{5.2}$$

のようにして求めることができる。

例題 5.1 つぎのインパルス応答を持つシステムの伝達関数を求めよ。
(1) $h(n) = 2\delta(n) + 3\delta(n-1) - \delta(n-2)$
(2) $h(n) = 0.5^n u(n)$

【解答】 伝達関数はインパルス応答の z 変換である。
(1) $H(z) = 2 + 3z^{-1} - z^{-2}$
(2) $H(z) = \dfrac{1}{1 - 0.5z^{-1}}$

$\diamondsuit$

例題 5.2 つぎの差分方程式で定義されるシステムの伝達関数を求めよ。
(1) $y(n) = -x(n) + 2x(n-1) + 3x(n-2)$
(2) $y(n) = x(n) + y(n-1)$

【解答】 差分方程式の両辺を z 変換し，入出力信号の z 変換の比によって伝達関数を求める。以下では $X(z) = \mathcal{Z}[x(n)]$，$Y(z) = \mathcal{Z}[y(n)]$ とする。
(1) z 変換の線形性および時不変性の性質を用いて両辺を z 変換すると

$$Y(z) = -X(z) + 2X(z)z^{-1} + 3X(z)z^{-2} = (-1 + 2z^{-1} + 3z^{-2})X(z)$$

となる。したがって，次式が得られる。

$$H(z) = \frac{Y(z)}{X(z)} = -1 + 2z^{-1} + 3z^{-2}$$

(2) 両辺を z 変換すると

$$Y(z) = X(z) + Y(z)z^{-1}$$

となり，右辺の $Y(z)z^{-1}$ を移項すると

$$(1 - z^{-1})Y(z) = X(z)$$

となる．したがって，次式が得られる．

$$H(z) = \frac{Y(z)}{X(z)} = \frac{1}{1-z^{-1}}$$

◇

例題 5.3 つぎの伝達関数を持つシステムの差分方程式を求めよ．また，それぞれのシステムを図示せよ．

(a) $H(z) = 2 + z^{-1}$ 　　　　(b) $H(z) = \dfrac{1}{1+z^{-1}}$

【解答】

(a) $H(z) = Y(z)/X(z)$ より

$$Y(z) = (2 + z^{-1})X(z) = 2X(z) + X(z)z^{-1}$$

となり，両辺を逆 z 変換すると

$$y(n) = 2x(n) + x(n-1)$$

が求まる．システムは図 **5.1** (a) のとおり．

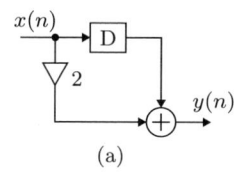

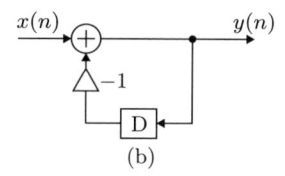

図 5.1

(b) (a) と同様にして

$$\begin{aligned}(1 + z^{-1})Y(z) &= X(z) \\ Y(z) + Y(z)z^{-1} &= X(z) \\ Y(z) &= X(z) - Y(z)z^{-1}\end{aligned}$$

と整理できるので

$$y(n) = x(n) - y(n-1)$$

が求まる．システムは図 5.1 (b) のとおり．

◇

例題 5.4 図 5.2 に示すシステムの伝達関数を求めよ。

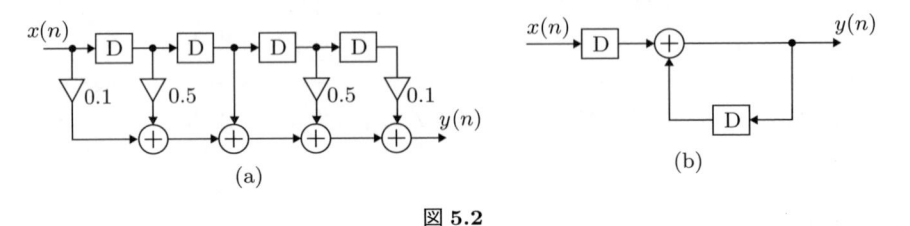

図 5.2

【解答】 システムの差分方程式を求め，これを用いて伝達関数を導く。

(a) システムの差分方程式は次式となる。

$$y(n) = 0.1x(n) + 0.5x(n-1) + x(n-2) + 0.5x(n-3) + 0.1x(n-4)$$

したがって，両辺を z 変換すると，伝達関数はつぎのように求められる。

$$H(z) = \frac{Y(z)}{X(z)} = 0.1 + 0.5z^{-1} + z^{-2} + 0.5z^{-3} + 0.1z^{-4}$$

(b) システムの差分方程式は次式となる。

$$y(n) = x(n-1) + y(n-1)$$

したがって，両辺を z 変換すると

$$Y(z) = X(z)z^{-1} + Y(z)z^{-1}$$
$$(1 - z^{-1})Y(z) = X(z)z^{-1}$$

となり，したがって伝達関数は次式となる。

$$H(z) = \frac{Y(z)}{X(z)} = \frac{z^{-1}}{1 - z^{-1}}$$

◇

5.2 縦続システムと並列システムの伝達関数

K 個のシステム $H_k(z)$ $(k = 1, \cdots, K)$ を図 **5.3** (a) のように直列に接続したシステム全体の伝達関数は，次式となる。

$$H(z) = H_1(z)H_2(z) \cdots H_K(z) \tag{5.3}$$

このようなシステムを**縦続システム**という。

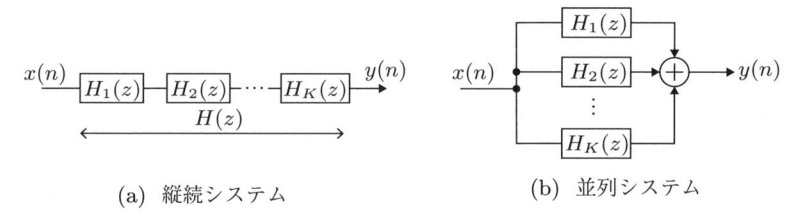

(a) 縦続システム　　(b) 並列システム

図 **5.3** 縦続システムと並列システム

縦続システムの伝達関数がこのようになる理由は，つぎのとおりである。いま，第 k 番目のシステム $H_k(z)$ の入力信号を $X_{k-1}(z)$，出力信号を $X_k(z)$ とするとき，次式が成り立つ。

$$H_1(z) = \frac{X_1(z)}{X_0(z)}, \ H_2(z) = \frac{X_2(z)}{X_1(z)}, \ \cdots, \ H_K(z) = \frac{X_K(z)}{X_{K-1}(z)}$$

ここで $X_0(z) = X(z)$，$X_K(z) = Y(z)$ とすると，システム全体の伝達関数は $H(z) = Y(z)/X(z)$ であるので，よって

$$H(z) = \frac{Y(z)}{X(z)} = \frac{X_1(z)}{X(z)} \frac{X_2(z)}{X_1(z)} \cdots \frac{Y(z)}{X_{K-1}(z)} = H_1(z)H_2(z) \cdots H_K(z)$$

となる。

一方，K 個のシステム $H_k(z)$ $(k = 1, \cdots, K)$ を図 5.3 (b) のように並列に接続したシステム全体の伝達関数は，次式となる。

$$H(z) = H_1(z) + H_2(z) + \cdots + H_K(z) \tag{5.4}$$

このようなシステムを**並列システム**という。

このように書ける理由は，各システムの入出力関係を

$$Y_1(z) = H_1(z)X(z),\ Y_2(z) = H_2(z)X(z),\ \cdots,\ Y_K(z) = H_K(z)X(z)$$

とするとき

$$\begin{aligned}Y(z) &= Y_1(z) + Y_2(z) + \cdots + Y_K(z) \\ &= \{H_1(z) + H_2(z) + \cdots + H_K(z)\}X(z)\end{aligned}$$

より

$$H(z) = \frac{Y(z)}{X(z)} = H_1(z) + H_2(z) + \cdots + H_K(z)$$

となるからである。

例題 5.5 つぎの伝達関数を持つシステムを二つのシステムの縦続接続として図に示せ。

(a) $H(z) = (1 - 2z^{-1})(1 + z^{-1})$ (b) $H(z) = \dfrac{1 - 2z^{-1}}{1 + 0.5z^{-1}}$

【解答】

(a) $H_1(z) = 1 - 2z^{-1}$, $H_2(z) = 1 + z^{-1}$ とすると，図 5.4 (a) のようなシステムとなる。

(b) $H_1(z) = 1 - 2z^{-1}$, $H_2(z) = \dfrac{1}{1 + 0.5z^{-1}}$ とすると，図 5.4 (b) のようなシステムとなる。

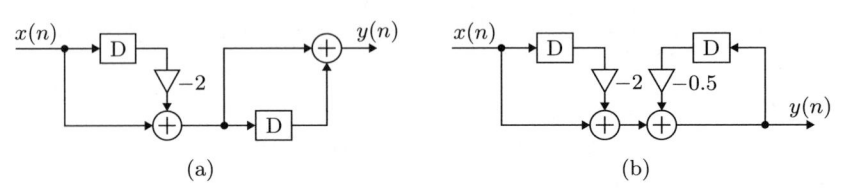

◇

図 5.4

例題 5.6 つぎの伝達関数を持つシステムを三つのシステムの並列システムとして図示せよ。

$$H(z) = \frac{1 + z^{-1} - 2z^{-2}}{1 - \dfrac{3}{4}z^{-1} + \dfrac{1}{8}z^{-2}}$$

【解答】 伝達関数は以下のように分解できる。

$$H(z) = -16 + \frac{17 - 11z^{-1}}{1 - \dfrac{3}{4}z^{-1} + \dfrac{1}{8}z^{-2}} = -16 + \frac{27}{1 - \dfrac{1}{4}z^{-1}} - \frac{10}{1 - \dfrac{1}{2}z^{-1}}$$

したがって，図 5.5 のようなシステムとして描ける。　　　　　　　◇

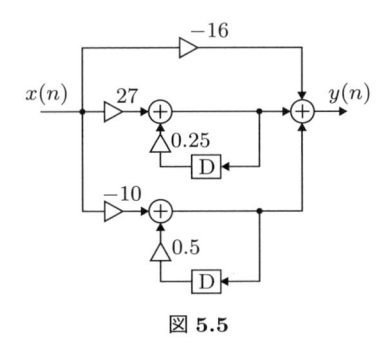

図 5.5

5.3　伝達関数を用いた出力信号の計算法

伝達関数の定義で見たように，**システムの出力信号の z 変換 $Y(z)$ は，伝達関数 $H(z)$ と入力信号の z 変換 $X(z)$ の積によって求められる**。したがって，システムの出力信号はこれを逆 z 変換することで求められる。

$$y(n) = \mathcal{Z}^{-1}[Y(z)] = \mathcal{Z}^{-1}[X(z)H(z)] \tag{5.5}$$

例題 5.7 $x(n) = \delta(n) + 2\delta(n-1) + 4\delta(n-2)$ が，$h(n) = 3\delta(n) - \delta(n-1)$ をインパルス応答に持つシステムに入力されたとき，その出力信号を求めよ．

【解答】 $x(n), h(n)$ のそれぞれの z 変換は，以下のとおりである．

$$X(z) = 1 + 2z^{-1} + 4z^{-2}, \quad H(z) = 3 - z^{-1}$$

したがって，$y(n)$ の z 変換は以下のように計算できる．

$$\begin{aligned} Y(z) &= X(z)H(z) \\ &= (1 + 2z^{-1} + 4z^{-2})(3 - z^{-1}) = 3 + 5z^{-1} + 10z^{-2} - 4z^{-3} \end{aligned}$$

これを逆 z 変換することで，出力信号は

$$y(n) = 3\delta(n) + 5\delta(n-1) + 10\delta(n-2) - 4\delta(n-3)$$

のように求められる．   ◇

例題 5.8 つぎの差分方程式で定義されるシステムに $x(n) = u(n)$ を入力したとき，その出力信号を求めよ．

$$y(n) = x(n) + 0.5y(n-1)$$

【解答】 差分方程式の両辺を z 変換すると，つぎのように伝達関数が求められる．

$$H(z) = \frac{Y(z)}{X(z)} = \frac{1}{1 - 0.5z^{-1}}$$

また，入力信号の z 変換は

$$X(z) = \mathcal{Z}[u(n)] = \frac{1}{1 - z^{-1}}$$

である．したがって

$$Y(z) = \frac{1}{(1 - 0.5z^{-1})(1 - z^{-1})} = \frac{-1}{1 - 0.5z^{-1}} + \frac{2}{1 - z^{-1}}$$

となり，これを逆 z 変換すると

$$y(n) = (-0.5^n + 2)u(n)$$

となる。 ◇

例題 5.9 差分方程式 $y(n) = x(n) + x(n-2)$ で定義されたシステムに $x(n) = u(n)\cos(\omega_c n)$ を入力したとき，その出力信号を求めよ。ただし，$\omega_c = \omega_s/4$，$\omega_s = 2\pi$ とせよ。

【解答】 差分方程式の両辺を z 変換すると，伝達関数は $H(z) = 1 + z^{-2}$ と求められる。$\omega_c = \pi/2$ より $x(n) = u(n)\cos(\pi n/2)$ であり，表 4.1 の z 変換表を用いると，その z 変換は以下のようになる。

$$X(z) = \frac{1}{1 + z^{-2}}$$

したがって

$$Y(z) = (1 + z^{-2})X(z) = \frac{1 + z^{-2}}{1 + z^{-2}} = 1$$

であり，この逆 z 変換より

$$y(n) = \delta(n)$$

である。すなわち，入力信号は無限に続くが，出力は最初 ($n = 0$) に 1 が出るだけで，あとは 0 であることがわかる。

※ 注意 表 4.1 を用いなくても $X(z)$ を求めることができる。m を非負の整数とすると，$x(n)$ はつぎのように書ける。

$$x(n) = u(n)\cos(\pi n/2) = \begin{cases} 1 & (n = 4m) \\ -1 & (n = 4m + 2) \\ 0 & (n = 4m + 1,\ n = 4m + 3) \end{cases}$$

したがって，z 変換はつぎのようになる。

$$X(z) = (1 + z^{-4} + z^{-8} + \cdots) - (z^{-2} + z^{-6} + z^{-10} + \cdots)$$
$$= \frac{1}{1 - z^{-4}} - \frac{z^{-2}}{1 - z^{-4}} = \frac{1 - z^{-2}}{1 - z^{-4}} = \frac{1}{1 + z^{-2}}$$

◇

例題 5.10　図 3.3 (d) のシステムに $x(n) = \delta(n) + 2\delta(n-1)$ を入力したとき，その出力信号を求めよ．

【解答】　システムの差分方程式は以下のようになる．
$$x'(n) = x(n) + 0.5x'(n-1), \quad y(n) = x'(n) + x'(n-1)$$
これらの両辺を z 変換すると
$$X'(z) = X(z) + 0.5X'(z)z^{-1}, \quad Y(z) = X'(z) + X'(z)z^{-1}$$
となり，$X'(z)$ を消去して $Y(z)$ について解くと，以下のようになる．
$$Y(z) = (1 + z^{-1})X'(z) = \frac{1 + z^{-1}}{1 - 0.5z^{-1}}X(z)$$
一方，入力信号の z 変換は $X(z) = 1 + 2z^{-1}$ より
$$Y(z) = \frac{(1 + z^{-1})(1 + 2z^{-1})}{1 - 0.5z^{-1}}$$
$$= \frac{1}{1 - 0.5z^{-1}} + \frac{3}{1 - 0.5z^{-1}}z^{-1} + \frac{2}{1 - 0.5z^{-1}}z^{-2}$$
となり，この逆 z 変換は
$$y(n) = 0.5^n u(n) + 3 \cdot 0.5^{n-1} u(n-1) + 2 \cdot 0.5^{n-2} u(n-2)$$
$$= \delta(n) + 3.5\delta(n-1) + \{0.5^n + 3 \cdot 0.5^{n-1} + 2 \cdot 0.5^{n-2}\}u(n-2)$$
$$= \delta(n) + 3.5\delta(n-1) + 15 \cdot 0.5^n u(n-2)$$
のように求められる．　　　　　　　　　　　　　　　　　　　　　　　◇

例題 5.11　（正弦波発生回路）つぎの伝達関数を持つシステムの差分方程式を求め，システムを図示せよ．また，インパルス応答を求めよ．
$$H(z) = \frac{\sqrt{2}z^{-1}}{1 - \sqrt{2}z^{-1} + z^{-2}}$$

5.3 伝達関数を用いた出力信号の計算法

【解答】

$$H(z) = \frac{\sqrt{2}z^{-1}}{1 - \sqrt{2}z^{-1} + z^{-2}} = \frac{Y(z)}{X(z)}$$

より

$$Y(z) = \sqrt{2}X(z)z^{-1} + \sqrt{2}Y(z)z^{-1} - Y(z)z^{-2}$$

となり，差分方程式は以下のように求められる．

$$y(n) = \sqrt{2}x(n-1) + \sqrt{2}y(n-1) - y(n-2)$$

システムは図 **5.6** のようになる．

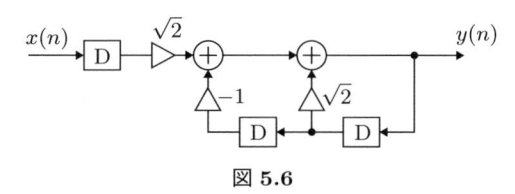

図 5.6

また，インパルス応答は伝達関数の逆 z 変換によって求められる．伝達関数は以下のように書ける．

$$H(z) = \frac{2\sin(\pi/4)z^{-1}}{1 - 2\cos(\pi/4)z^{-1} + z^{-2}}$$

したがって，表 4.1 よりこの逆 z 変換は

$$h(n) = 2u(n)\sin\left(\frac{\pi n}{4}\right)$$

である．

※ **注意** このシステムに単位インパルス信号を入力すると，正弦波が得られる．実際に差分方程式に値を入れて計算すると

$$\begin{aligned}
y(0) &= \sqrt{2}x(-1) + \sqrt{2}y(-1) - y(-2) = \sqrt{2}\cdot 0 + \sqrt{2}\cdot 0 - 0 = 0 \\
y(1) &= \sqrt{2}x(0) + \sqrt{2}y(0) - y(-1) = \sqrt{2}\cdot 1 + \sqrt{2}\cdot 0 - 0 = \sqrt{2} \\
y(2) &= \sqrt{2}x(1) + \sqrt{2}y(1) - y(0) = \sqrt{2}\cdot 0 + \sqrt{2}\cdot\sqrt{2} - 0 = 2 \\
y(3) &= \sqrt{2}x(2) + \sqrt{2}y(2) - y(1) = \sqrt{2}\cdot 0 + \sqrt{2}\cdot 2 - \sqrt{2} = \sqrt{2} \\
&\vdots
\end{aligned}$$

のように，離散時間の正弦波信号 $\sin(\pi n/4)$ が得られる． ◇

5.4 システムの安定性と極

5.4.1 システムの安定性

ある信号 $x(n)$ がすべての時刻 n に対して $|x(n)| < \infty$ であるとき，この信号は**有界**（bounded）であるという。任意の有界な入力信号 $x(n)$ に対して出力信号 $y(n)$ が有界，すなわちすべての時刻 n に対して $|y(n)| < \infty$ のとき，このシステムを**安定なシステム**という。

システムが安定であるための条件は，以下のとおりである。

$$\sum_{n=-\infty}^{\infty} |h(n)| < \infty \tag{5.6}$$

例題 5.12 図 5.7 のシステムが安定であるための a の条件を示せ。

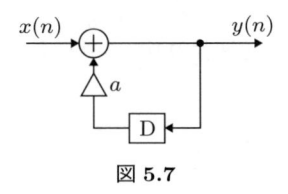

図 5.7

【解答】 まず，インパルス応答を求める。システムの差分方程式は

$$y(n) = x(n) + ay(n-1)$$

であるので，伝達関数は

$$H(z) = \frac{1}{1 - az^{-1}}$$

であり，これを逆 z 変換することで，インパルス応答は以下のようになる。

$$h(n) = a^n u(n)$$

システムが安定となるためには

$$\sum_{n=-\infty}^{\infty} |h(n)| = \sum_{n=0}^{\infty} |a^n| = \sum_{n=0}^{\infty} |a|^n < \infty$$

でなければならない。$h(n)$ の例を図 5.8 に示す。

5.4 システムの安定性と極

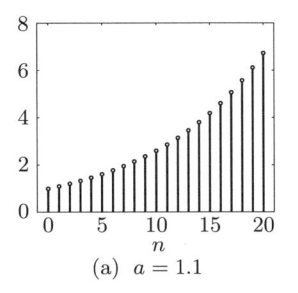

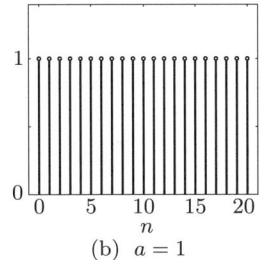

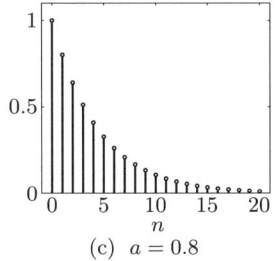

(a) $a = 1.1$ (b) $a = 1$ (c) $a = 0.8$

図 **5.8**

$|a| \geq 1$ のときは

$$\sum_{n=0}^{\infty} |a|^n = \infty$$

となるので，システムは安定でない。一方，$|a| < 1$ のときは

$$\sum_{n=0}^{\infty} |a|^n = \frac{1}{1-|a|} < \infty$$

となり，安定といえる。

※ **注意** 図 5.8 に示すように，$a = 1$ のとき $h(n)$ は発散しておらず，システムは安定であるように思われるが，これは誤りである。システムが安定である条件は，**任意の有界な入力信号**に対して有界な出力が得られることである。$h(n)$ はインパルス信号 $\delta(n)$（有界）を入力したときの出力信号にすぎず，他の有界な信号を入力したときに，出力が有界になるとは限らない。

実際，$a = 1$ で入力信号を $x(n) = u(n)$ としたとき，入力は明らかに有界であるが，出力信号は

$$y(0) = 1, \ \ y(1) = 2, \ \ y(2) = 3, \ \ y(3) = 4, \ \cdots$$

となり，明らかに発散して有界とならない。また，$a = -1$ で入力信号が $x(n) = (-1)^n u(n)$ のとき

$$y(0) = 1, \ \ y(1) = -2, \ \ y(2) = 3, \ \ y(3) = -4, \ \cdots$$

となり，同様に有界とならない。よって，$|a| = 1$ のときシステムは安定とはいえない。

以上のように，システムが安定であるとは，ある特定の入力信号に対してのみ出力が発散しない，ということではなく，**どのような入力であろうと，その信号が有界でありさえすれば出力が発散しないことが保証されていることをいう**[†]。◇

5.4.2 極配置と安定性

システムがつぎのような差分方程式

$$y(n) = \sum_{k=0}^{L-1} a_k x(n-k) + \sum_{k=1}^{M} b_k y(n-k)$$

で表されるとき，これを z 変換すると

$$Y(z) = \sum_{k=0}^{L-1} a_k X(z) z^{-k} + \sum_{k=1}^{M} b_k Y(z) z^{-k}$$

となり，これより伝達関数は

$$H(z) = \frac{Y(z)}{X(z)} = \frac{\displaystyle\sum_{k=0}^{L-1} a_k z^{-k}}{1 - \displaystyle\sum_{k=1}^{M} b_k z^{-k}} = \frac{N(z)}{D(z)}$$

と書ける。ここで $N(z)$ を分子多項式，$D(z)$ を分母多項式という。

$H(z) = 0$ とする z を伝達関数の**零点**（zero point）という。分子多項式 $N(z) = 0$ の解は零点であり，これを q_k とおくと

$$N(z) = H_0 \prod_{k=1}^{L} (1 - q_k z^{-1})$$

のように因数分解できる。H_0 は定数である。一方，$|H(z)| = \infty$ となる z を伝達関数の**極**（pole）という。分母多項式 $D(z) = 0$ の解は極であり，これを p_k とおくと

[†] システムを設計する際，システムが安定であることはきわめて重要である。システムが安定となるように設計しておけば，想定外の信号が入力されても，その信号が有界でありさえすれば出力が発散することはない。

5.4 システムの安定性と極

$$D(z) = \prod_{k=1}^{M}(1 - p_k z^{-1})$$

のように因数分解できる。したがって，伝達関数は

$$H(z) = \frac{H_0 \prod_{k=1}^{L}(1 - q_k z^{-1})}{\prod_{k=1}^{M}(1 - p_k z^{-1})} = \prod_{k=1}^{M}\frac{1}{1 - p_k z^{-1}} \cdot H_0 \prod_{k=1}^{L}(1 - q_k z^{-1})$$

のように書け，これは

$$H_k(z) = \frac{1}{1 - p_k z^{-1}} \quad (k = 1, \cdots, M)$$

および

$$H_{M+k}(z) = 1 - q_k z^{-1} \quad (k = 1, \cdots, L)$$

を伝達関数に持つ $L + M$ 個のシステムの縦続接続と考えられる。これを図にすると図 **5.9** となる。

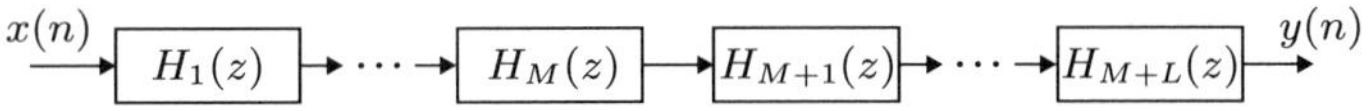

$$x(n) \rightarrow \boxed{H_1(z)} \rightarrow \cdots \rightarrow \boxed{H_M(z)} \rightarrow \boxed{H_{M+1}(z)} \rightarrow \cdots \rightarrow \boxed{H_{M+L}(z)} \rightarrow y(n)$$

図 **5.9**

縦続システムを構成する個々のシステムの中に一つでも不安定なシステムがあると，そのシステムの出力は有界でなくなる。そして，いったん有界でない信号がシステム内で生じると，以降のシステムの出力も有界とは限らなくなる。したがって，システム全体は不安定になる。以上の考察より，システム全体が安定であるための条件は，先の例の結果より，システムのすべての極が

$$|p_k| < 1 \quad (k = 1, \cdots, M)$$

を満たすことであるといえる。

p_k は一般に複素数であるため，$|p_k| < 1$ は複素平面上の単位円内に極があることを意味する．したがって，システム全体が安定であることは，**すべての極が単位円の内側に存在する**ことであるともいえる．

例題 5.13 つぎの伝達関数を持つシステムの安定性を判別せよ．

$$H(z) = \frac{1 - 3z^{-1}}{(1 - 0.5z^{-1})(1 - z^{-1})}$$

【解答】 極は 0.5 と 1 であり，システムは不安定である． ◇

┌─ コーヒーブレイク ─┐

エコーを消すシステム

(1) 遅延波の除去

2 章のコーヒーブレイクで紹介したマルチパスにおける遅延波の問題を，これまで解説した方法を用いて解決してみよう．4 章のコーヒーブレイクでは，マルチパスは FIR システムとみなせることを説明した．この例では，システムのインパルス応答は

$$h(n) = \delta(n) + 0.5\delta(n-1)$$

であった．これよりこのシステムの伝達関数は

$$H(z) = 1 + 0.5z^{-1}$$

であり，入出力（送受信）信号の z 変換を $X(z), Y(z)$ とすると

$$Y(z) = H(z)X(z)$$

が成り立つ．いま，**図 1** (a) のように携帯電話の内部に遅延波を除去するシステム $H'(z)$ を考える．

$H'(z)$ の出力信号を $x'(n)$，その z 変換を $X'(z)$ とすると，$X'(z)$ はつぎのように書ける．

$$X'(z) = H'(z)Y(z) = H'(z)H(z)X(z)$$

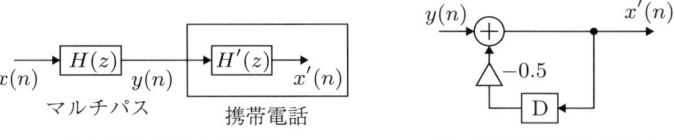

(a) 逆システムの設計　　(b) 遅延波除去システム

図1　マルチパス対策

$x'(n)$ が遅延波の影響を受けない，すなわち $x'(n) = x(n)$，$X'(z) = X(z)$ となるためには

$$H'(z) = \frac{1}{H(z)} = \frac{1}{1 + 0.5z^{-1}}$$

である必要がある。

$$X'(z) = \frac{1}{1 + 0.5z^{-1}} Y(z)$$

より差分方程式を導くと，$(1 + 0.5z^{-1})X'(z) = Y(z)$ から

$$x'(n) = y(n) - 0.5x'(n-1)$$

であり，これをシステムとして図示すると，図1 (b) のようになる。

実際に，遅延波の影響を受けた受信信号

$$y(n) = \delta(n) + 2.5\delta(n-1) + 4\delta(n-2) + 1.5\delta(n-3)$$

をこのシステムに入力してみる。$Y(z) = 1 + 2.5z^{-1} + 4z^{-2} + 1.5z^{-3}$ より

$$X'(z) = \frac{1 + 2.5z^{-1} + 4z^{-2} + 1.5z^{-3}}{1 + 0.5z^{-1}} = 1 + 2z^{-1} + 3z^{-2}$$

と計算でき，$x'(n) = \delta(n) + 2\delta(n-1) + 3\delta(n-2)$ より $x'(n)$ は $x(n)$ と等しい，つまり遅延波の影響を除去できたことがわかる。

(2) からくり

以上のように z 変換を応用することで，遅延波は容易に除去できる。しかし，なぜこのような単純な計算で遅延波が除去できたのだろう。式を眺めていても直感的には理解できない。

◎ 先頭に手がかりあり！

前提として，受信側はマルチパスの状況，すなわち遅延波は1波で1時刻遅れ

て半分の強さで届くことを知っているとする。この前提のもとで 1, 2.5, 4, 1.5 を受信したとしよう。

　ヒントは最初に届く信号である。最初に届く受信信号に遅延波の影響はない。つまり，受信信号の先頭の "1" は送信信号そのものである。また，マルチパスにより，この信号は 1 時刻遅れて半分の強さ，つまり 0.5 となって，つぎの信号に重なって届くはずである。よって，つぎのように受信信号から "1" とその遅延 "0.5" を除去してみる。

$$
\begin{array}{r}
 1 \quad 2.5 \quad 4 \quad 1.5 \quad \text{受信信号} \\
-)\ 1 \quad 0.5 \\
\hline
 2 \quad 4 \quad 1.5 \quad \text{受信信号}'
\end{array}
\tag{1}
$$

　こうすると，新しい受信信号 ′ が得られる。この信号の先頭 "2" には，もはや遅延波の影響は含まれていない。したがって，これがまさに 2 番目の送信信号である。

　先の計算と同じように，受信信号 ′ から "2" とその遅延 ($2 \times 0.5 = 1$) を除去すると，つぎのようになる。

$$
\begin{array}{r}
 2 \quad 4 \quad 1.5 \quad \text{受信信号}' \\
-)\ 2 \quad 1 \\
\hline
 3 \quad 1.5 \quad \text{受信信号}''
\end{array}
\tag{2}
$$

　同じように考えると，3 番目の送信信号は "3" であるとわかる。確認のために "3" とその遅延信号 ($3 \times 0.5 = 1.5$) を受信信号 ″ から取り除くと，確かにあとにはなにも残らない。

$$
\begin{array}{r}
 3 \quad 1.5 \quad \text{受信信号}'' \\
-)\ 3 \quad 1.5 \\
\hline
 0 \quad \text{受信信号}'''
\end{array}
\tag{3}
$$

こうすることで，送信信号 1, 2, 3 を知ることができる。とてもシンプルでわかりやすい方法だが，計算手順を見ても z 変換らしき考え方は見当たらない。

◎ タネあかし

　z 変換を応用した方法では，受信信号と遅延の状況（インパルス応答）の z 変換，$Y(z)$ と $H(z)$ の割り算によって，送信信号を求めた。

$$\frac{Y(z)}{H(z)} = \frac{1 + 2.5z^{-1} + 4z^{-2} + 1.5z^{-3}}{1 + 0.5z^{-1}} = 1 + 2z^{-1} + 3z^{-2}$$

この割り算で，なぜ遅延波を除去できるのだろう。

割り算を筆算で書いてみよう。

$$
\begin{array}{r}
1 + 2z^{-1} + 3z^{-2} \\
1+0.5z^{-1} \overline{\smash{\big)}\ 1 + 2.5z^{-1} + 4z^{-2} + 1.5z^{-3}} \\
\underline{1 + 0.5z^{-1}\phantom{ + 4z^{-2} + 1.5z^{-3}}} \\
2z^{-1} + 4z^{-2}\phantom{ + 1.5z^{-3}} \\
\underline{2z^{-1} + z^{-2}\phantom{ + 1.5z^{-3}}} \\
3z^{-2} + 1.5z^{-3} \\
\underline{3z^{-2} + 1.5z^{-3}} \\
0
\end{array}
$$

遅延の状況 $1+0.5z^{-1}$（左側）／送信信号，受信信号，受信信号′，受信信号″，受信信号‴（右側）

よく見ると，先に説明した遅延波除去の計算が見える。

わかりやすくするために z を省くと

```
                    1    2    3          送信信号
  遅延の状況  1  0.5 ) 1   2.5  4    1.5   受信信号
                1   0.5
                ─────────
                     2    4              受信信号 ′
                     2    1
                     ─────────
                          3   1.5        受信信号 ″
                          3   1.5
                          ─────────
                               0         受信信号 ‴
```

となる。見てわかるとおり，じつは z 変換の割り算の中に遅延波を順に除去する計算手順が埋め込まれていたのである。

章 末 問 題

【1】 つぎのインパルス応答を持つシステムの伝達関数を求めよ。

(1) $h(n) = u(n) - u(n-3)$　　(2) $h(n) = \displaystyle\sum_{k=0}^{3} 0.5^k \delta(n-k)$

(3) $h(n) = (n+1)u(n)$　　(4) $h(n) = u(n)\sin(\pi n/3)$

【2】 つぎの差分方程式で定義されるシステムの伝達関数を求めよ。また，インパルス応答を求めよ。

(1) $y(n) = x(n) - x(n-3)$

(2) $y(n) = 2x(n-1) + \dfrac{1}{2}y(n-2)$

(3) $y(n) = \displaystyle\sum_{k=0}^{3}\left(\dfrac{1}{2}\right)^{k} x(n-k)$

(4) $y(n) = x(n) + x(n-3) + \dfrac{1}{4}y(n-2)$

【3】 つぎの伝達関数を持つシステムの差分方程式を求め，それぞれのシステムを図示せよ．

(a) $H(z) = \displaystyle\sum_{k=0}^{2}\left(\dfrac{1}{3}\right)^{k} z^{-k}$
(b) $H(z) = \displaystyle\sum_{k=0}^{3} a_k(z^{-k} + z^{k-3})$

(c) $H(z) = \dfrac{1 + 2z^{-1}}{1 - 3z^{-1} + 2z^{-2}}$
(d) $H(z) = 1 + \dfrac{1}{1 - z^{-2}}$

【4】 図 5.10 に示すシステムの伝達関数を求めよ．

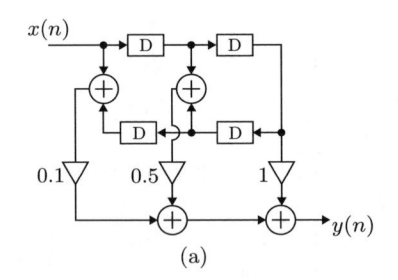

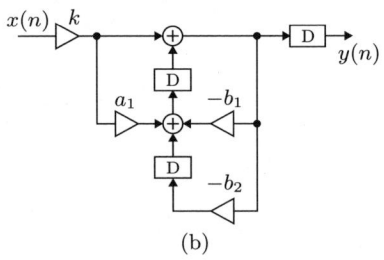

図 5.10

【5】 つぎの伝達関数を持つシステムを二つのシステムの縦続接続として図示せよ．

(a) $H(z) = (1 + z^{-1})^2$

(b) $H(z) = \dfrac{1}{1 + 2z^{-1} + z^{-2}}$

(c) $H(z) = \dfrac{1}{1 + 0.5z^{-1}} + \dfrac{1}{1 - 0.5z^{-1}}$

(d) $H(z) = 1 + z^{-1} + \dfrac{1}{1 - 0.5z^{-1}}$

【6】 【2】の各システムに以下の信号を入力したときの出力信号を求めよ．

(1) $x(n) = \delta(n) - 2\delta(n-1)$
(2) $x(n) = \delta(n) - \dfrac{1}{\sqrt{2}}\delta(n-1)$

(3) $x(n) = \left(-\dfrac{1}{2}\right)^{n} u(n)$
(4) $x(n) = u(n)\cos(\pi n/3)$

【7】 インパルス信号によって $y(n) = u(n)\cos(\pi n/6 - \pi/3)$ を生成するシステムを設計し，図示せよ．

6 離散時間信号の周波数領域表現 I
~信号の成分分析・フーリエ変換の仕組み~

　前章までは，信号やシステムを時間領域で表現して考えていた．本章以降では，信号やシステムの周波数領域での表現方法について解説する．信号の周波数領域での表現とは，**信号はさまざまな周波数の正弦波に分解できる**という考え方を基礎として，信号に含まれる各正弦波の成分を求めることで信号を表現する方法である．本章では，周期信号に対する周波数領域表現として，離散フーリエ変換について解説する．

6.1 離散時間信号の直交分解

　この節では，空間ベクトルの直交分解から，離散時間信号を分解する方法を導く．

　xy 平面上にあるベクトル $\boldsymbol{x} = (7, 3)$ は，同じ長さの直交する 2 本のベクトル $\boldsymbol{e}_0 = (1, 1)$ および $\boldsymbol{e}_1 = (1, -1)$ を用いて，図 **6.1** のように分解できる．

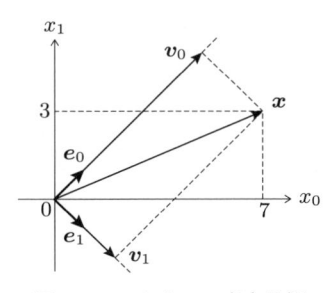

図 **6.1** ベクトルの直交分解

6. 離散時間信号の周波数領域表現 I

$$\boldsymbol{x} = 5\boldsymbol{e}_0 + 2\boldsymbol{e}_1$$

これを**ベクトルの直交分解**といい，$\boldsymbol{e}_0$ および $\boldsymbol{e}_1$ を**直交基底**という．

ここで $\boldsymbol{v}_0 = 5\boldsymbol{e}_0$，$\boldsymbol{v}_1 = 2\boldsymbol{e}_1$ は $\boldsymbol{x}$ の**正射影**といい，各基底の係数 5 と 2 は，以下のように $\boldsymbol{x}$ と各基底との内積から求められる[†1]．

$$\boldsymbol{v}_0 = \frac{\boldsymbol{x}\cdot\boldsymbol{e}_0}{\|\boldsymbol{e}_0\|^2}\boldsymbol{e}_0 = \frac{10}{2}\boldsymbol{e}_0 = 5\boldsymbol{e}_0, \quad \boldsymbol{v}_1 = \frac{\boldsymbol{x}\cdot\boldsymbol{e}_1}{\|\boldsymbol{e}_1\|^2}\boldsymbol{e}_1 = \frac{4}{2}\boldsymbol{e}_1 = 2\boldsymbol{e}_1$$

この例は 2 次元空間におけるベクトルの分解であるが，N 次元空間においても同様の分解が考えられる．例えば，4 次元空間における $\boldsymbol{e}_0 = (1,1,1,1)$，$\boldsymbol{e}_1 = (1,1,-1,-1)$，$\boldsymbol{e}_2 = (1,-1,1,-1)$，$\boldsymbol{e}_3 = (1,-1,-1,1)$ は直交基底である[†2]．したがって，$\boldsymbol{x} = (1,2,-1,3)$ のとき

$$X_k = \boldsymbol{x}\cdot\boldsymbol{e}_k = \sum_{n=0}^{3} x_n e_{k,n}$$

とすると，$\boldsymbol{x}$ は以下のように分解できる．

$$\boldsymbol{x} = \frac{1}{4}\sum_{k=0}^{3} X_k \boldsymbol{e}_k = \frac{5}{4}\boldsymbol{e}_0 + \frac{1}{4}\boldsymbol{e}_1 - \frac{5}{4}\boldsymbol{e}_2 + \frac{3}{4}\boldsymbol{e}_3$$

この例におけるベクトルの要素を離散時間信号とみなすと，ベクトルの分解は信号の分解とみなせる．**図 6.2** のように，ベクトル $\boldsymbol{x}$ の要素を一つずつ取り出して並べてできる離散時間信号 $x(n)$ を考える．同様に，$\boldsymbol{e}_k$ に対応する**基底信号** $e_k(n)$ を図 6.2 のように考える．すると，$x(n)$ は

$$x(n) = \frac{5}{4}e_0(n) + \frac{1}{4}e_1(n) - \frac{5}{4}e_2(n) + \frac{3}{4}e_3(n)$$

のように四つの基底信号に分解できる．

この考え方は，以下のように複素数をサンプル値に持つ離散時間信号に拡張できる．

[†1] 導出過程は 1.3.6 項を参照せよ．

[†2] すべての基底の長さが等しく，相互に直交する．すなわち $\boldsymbol{e}_k \cdot \boldsymbol{e}_i = \begin{cases} 4 & (k=i) \\ 0 & (k\neq i) \end{cases}$ となる．

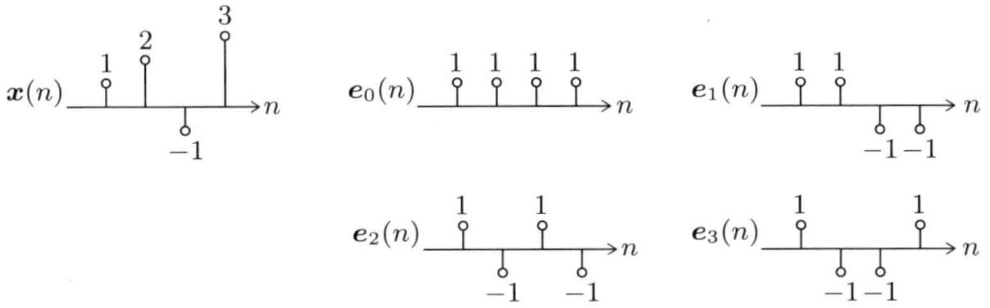

図 6.2 ベクトルの要素をサンプル値に持つ離散時間信号

$0 \leq n < N$ で定義される離散時間信号 $x(n)$ は，N 個の信号 $e_k(n)$（$k = 0, \cdots, N-1$）が基底信号であるとき[†1]

$$x(n) = \frac{1}{N} \sum_{k=0}^{N-1} X(k) e_k(n) \tag{6.1}$$

のように分解できる．ただし

$$X(k) = \sum_{n=0}^{N-1} x(n) e_k^*(n) \tag{6.2}$$

であり，ここで「$*$」は共役複素数を意味する[†2]．$X(k)$ は $x(n)$ に含まれる $e_k(n)$ の割合（成分）と解釈できる．

例題 6.1 つぎの信号（$N = 3$, $k = 0, 1, 2$）

$$e_k(n) = \begin{cases} e^{j2\pi nk/N} & (0 \leq n < N) \\ 0 & (n < 0,\ N \leq n) \end{cases}$$

を基底信号とし，以下の離散時間信号を分解せよ．

[†1] 以下の条件を満たすとき基底信号であるといえる．
$$\sum_{n=0}^{N-1} e_k(n) e_i^*(n) = \begin{cases} N & (k = i) \\ 0 & (k \neq i) \end{cases}$$

[†2] ベクトル $\boldsymbol{a} = (a_0, a_1, \cdots)$ とそれ自身の内積 $\boldsymbol{a} \cdot \boldsymbol{a} = a_0^2 + a_1^2 + \cdots$ は，$\boldsymbol{a}$ の要素が実数であれば実数となるが，$\boldsymbol{a}$ の要素が複素数であると実数とは限らない．一方，要素が共役のベクトル $\boldsymbol{a}^* = (a_0^*, a_1^*, \cdots)$ を考えると，これとの内積は $\boldsymbol{a} \cdot \boldsymbol{a}^* = |a_0|^2 + |a_1|^2 + \cdots$ となり，必ず実数となる．そこで，一般に複素数を要素に持つベクトル $\boldsymbol{a}$ と $\boldsymbol{b}$ の内積は，$\boldsymbol{a} \cdot \boldsymbol{b}^*$ に相当すると考える．

(1) $x(n) = \delta(n)$

(2) $x(n) = \delta(n) + j\delta(n-1) - j\delta(n-2)$

【解答】

(1) 式 (6.2) に基底信号を代入すると

$$X(k) = \sum_{n=0}^{2} x(n) e^{-j2\pi nk/3} = x(0) + x(1)e^{-j2\pi k/3} + x(2)e^{-j4\pi k/3}$$

であるから,$x(n) = \delta(n)$ より $X(0) = 1$, $X(1) = 1$, $X(2) = 1$ となる.したがって,次式が得られる.

$$x(n) = \frac{1}{3}e_0(n) + \frac{1}{3}e_1(n) + \frac{1}{3}e_2(n)$$

(2) $e^{-j2\pi/3} = (-1-j\sqrt{3})/2$, $e^{-j4\pi/3} = (-1+j\sqrt{3})/2$, $e^{-j8\pi/3} = e^{-j2\pi/3}$ より,$X(k)$ は

$$X(0) = 1 \times 1 + j \times 1 - j \times 1 = 1$$
$$X(1) = 1 \times 1 + j \times (-1-j\sqrt{3})/2 - j \times (-1+j\sqrt{3})/2 = 1 + \sqrt{3}$$
$$X(2) = 1 \times 1 + j \times (-1+j\sqrt{3})/2 - j \times (-1-j\sqrt{3})/2 = 1 - \sqrt{3}$$

である.よって,次式が得られる.

$$x(n) = \frac{1}{3}e_0(n) + \frac{1+\sqrt{3}}{3}e_1(n) + \frac{1-\sqrt{3}}{3}e_2(n)$$

◇

例題 6.2 例題 6.1 の $e_k(n)$ が基底信号である条件を満たすことを証明せよ.

【解答】 信号が基底信号であるための条件は,信号をベクトルとみなしたとき,同じ長さでかつ直交していることである.すなわち,以下を満たせばよい.

$$\sum_{n=0}^{N-1} e_k(n) e_i^*(n) = \begin{cases} N & (k = i) \\ 0 & (k \neq i) \end{cases}$$

$\boldsymbol{e}_0(n)$, $\boldsymbol{e}_1(n)$, $\boldsymbol{e}_2(n)$ は以下のように書ける.

$$\boldsymbol{e}_0(n) = \delta(n) + \delta(n-1) + \delta(n-2)$$
$$\boldsymbol{e}_1(n) = \delta(n) + e^{j2\pi/3}\delta(n-1) + e^{j4\pi/3}\delta(n-2)$$

$$e_2(n) = \delta(n) + e^{j4\pi/3}\delta(n-1) + e^{j2\pi/3}\delta(n-2)$$

以上より

$$\sum_{n=0}^{3} e_0(n)e_0^*(n) = 1 + 1 + 1 = 3$$

$$\sum_{n=0}^{3} e_1(n)e_1^*(n) = 1 + e^{j2\pi/3}e^{-j2\pi/3} + e^{j4\pi/3}e^{-j4\pi/3} = 3$$

$$\sum_{n=0}^{3} e_2(n)e_2^*(n) = 1 + e^{j4\pi/3}e^{-j4\pi/3} + e^{j2\pi/3}e^{-j2\pi/3} = 3$$

$$\sum_{n=0}^{3} e_0(n)e_1^*(n) = 1 + e^{-j2\pi/3} + e^{-j4\pi/3} = 0$$

$$\sum_{n=0}^{3} e_0(n)e_2^*(n) = 1 + e^{-j4\pi/3} + e^{-j2\pi/3} = 0$$

$$\sum_{n=0}^{3} e_1(n)e_2^*(n) = 1 + e^{j2\pi/3}e^{-j4\pi/3} + e^{j4\pi/3}e^{-j2\pi/3} = 0$$

より $e_0(n)$, $e_1(n)$, $e_2(n)$ は基底信号である。 ◇

6.2 離散フーリエ変換

$x(n)$ が $x(n) = x(n+mN)$（m は整数）を満たすとき，すなわち $0 \leq n < N$ の波形が繰り返し現れるような信号であるとき，$x(n)$ を周期 N の**周期信号**（periodic signal）という。

周期 N の周期信号 $x(n)$ に対するつぎの計算を，**離散フーリエ変換**（discrete Fourier transform; **DFT**）という。

$$X(k) = \sum_{n=0}^{N-1} x(n)e^{-j2\pi nk/N} \tag{6.3}$$

また，$X(k)$ から元の信号 $x(n)$ を求めるつぎの計算を，**逆離散フーリエ変換**（inverse discrete Fourier transform; **IDFT**）という。

$$x(n) = \frac{1}{N}\sum_{k=0}^{N-1} X(k)e^{j2\pi nk/N} \tag{6.4}$$

$X(k)$ は一般に複素数であり，$X(k)$ の振幅成分 $|X(k)|$ を**振幅スペクトル** (amplitude spectrum)，位相成分 $\angle X(k)$ を**位相スペクトル** (phase spectrum)，$X(k)X^*(k) = |X(k)|^2$ を**パワースペクトル** (power spectrum) という。

式 (6.3) および式 (6.4) は，式 (6.2) および式 (6.1) において基底信号を $e_k(n) = e^{j2\pi nk/N}$ とした場合に対応する。$\omega_k = 2\pi k/N$ とおくと

$$e_k(n) = e^{j2\pi nk/N} = e^{j\omega_k n}$$

となることから[†]，離散フーリエ変換は，**角周波数 ω_k の複素正弦波信号 $e^{j\omega_k n}$ が元の信号に含まれている割合（成分）を計算すること**，また，逆離散フーリエ変換は，**各複素正弦波の成分 $X(k)$ から元の信号を復元すること**と考えられる。

例題 6.3 つぎの離散時間信号の離散フーリエ変換を求めよ。ただし m は整数である。

$$x(n) = \begin{cases} 1 & (n = mN) \\ 0 & (その他) \end{cases}$$

【解答】 任意の k $(k = 0, \cdots, N-1)$ に対して離散フーリエ変換は

$$X(k) = \sum_{n=0}^{N-1} x(n) e^{-j2\pi nk/N} = 1$$

となる。これは $x(n)$ にあらゆる角周波数 ω_k の複素正弦波信号が同じ割合で含まれていることを意味する。 ◇

例題 6.4 つぎの離散時間信号の離散フーリエ変換を求め，振幅スペクトルを $0 \leq k < N$ の範囲で図示せよ。ただし $N = 16$ とし，$\omega_c = \omega_4$，$\omega_k = 2\pi k/N$ とせよ。

(a) $x(n) = e^{j\omega_c n}$ 　　　　(b) $x(n) = \cos(\omega_c n)$

[†] サンプリング周期 T を 1 とすると，サンプリング角周波数は $\omega_s = 2\pi/T = 2\pi$ であり，$\omega_k = 2\pi k/N = (k/N)\omega_s$ となる。このことから，$e^{j\omega_k n}$ はサンプリング周波数の k/N 倍の周波数を持つ複素正弦波信号である。

6.2 離散フーリエ変換

【解答】

(a) $\omega_c = 8\pi/N$ より,離散フーリエ変換は

$$X(k) = \sum_{n=0}^{N-1} e^{j8\pi n/N} e^{-j2\pi nk/N} = \sum_{n=0}^{N-1} e^{j2\pi(4-k)n/N}$$

となる。いま $k \neq 4$ のとき

$$X(k) = \frac{1 - \{e^{j2\pi(4-k)/N}\}^N}{1 - e^{j2\pi(4-k)/N}} = \frac{1 - e^{j2\pi(4-k)}}{1 - e^{j2\pi(4-k)/N}}$$

となり, $e^{j2\pi(4-k)} = 1$ より $X(k) = 0$ となる。一方, $k = 4$ のとき

$$X(4) = \sum_{n=0}^{N-1} e^{j2\pi(4-4)n/N} = \sum_{n=0}^{N-1} 1 = N = 16$$

となる。よって振幅スペクトルは図 **6.3** (a) となる。

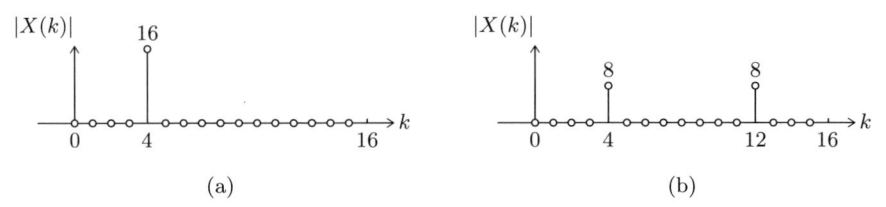

図 **6.3**

※ **注意** $X(k)$ は $x(n)$ に角周波数 ω_k の複素正弦波信号がどの程度含まれているかを意味する。$x(n) = e^{j\omega_c n} = e^{j\omega_4 n}$ より $x(n)$ には角周波数 ω_4 の複素正弦波しか含まれておらず,$X(4)$ 以外 0 であることは明らかである。

(b) オイラーの公式より

$$x(n) = \cos(\omega_c n) = \frac{1}{2}(e^{j\omega_c n} + e^{-j\omega_c n})$$

となり,したがって離散フーリエ変換は

$$X(k) = \frac{1}{2}\sum_{n=0}^{N-1} e^{j2\pi(4-k)n/N} + \frac{1}{2}\sum_{n=0}^{N-1} e^{-j2\pi(4+k)n/N}$$

となる。右辺第 1 項は (a) から $k = 4$ のとき $N/2$ $(= 8)$,その他のとき 0 である。

第 2 項は $k = 12$ のとき

$$X(12) = \frac{1}{2} \sum_{n=0}^{N-1} e^{-j2\pi(4+12)n/N} = \frac{1}{2} \sum_{n=0}^{N-1} 1 = \frac{1}{2} N = 8$$

となり，$k \neq 12$ のとき

$$X(k) = \frac{1}{2} \frac{1 - \{e^{-j2\pi(4+k)/N}\}^N}{1 - e^{-j2\pi(4+k)/N}} = \frac{1}{2} \frac{1 - e^{-j2\pi(4+k)}}{1 - e^{-j2\pi(4+k)/N}} = 0$$

となる．よって，振幅スペクトルは図 6.3 (b) となる．

※ **注意** オイラーの公式より，$x(n)$ は $0.5e^{j\omega_c n}$ と $0.5e^{-j\omega_c n}$ の和であり，前者は $X(4)$ に対応する．また，後者は $e^{-j\omega_c n} = e^{-j2\pi 4n/N} = e^{-j2\pi 4n/N + j2\pi n}$ $= e^{j2\pi(N-4)n/N} = e^{j2\pi 12n/N} = e^{j\omega_{12} n}$ より $X(12)$ に対応し，$X(4)$ と $X(12)$ 以外が 0 であることは明らかである．

◇

例題 6.5 離散フーリエ変換 $X(k)$ が次式であるような離散時間信号を求めよ．

$$X(k) = e^{-j2\pi k/N}$$

【解答】 逆離散フーリエ変換より

$$x(n) = \frac{1}{N} \sum_{k=0}^{N-1} e^{-j2\pi k/N} e^{j2\pi nk/N} = \frac{1}{N} \sum_{k=0}^{N-1} e^{j2\pi(n-1)k/N}$$

となる．ここで，$n-1$ が N の整数倍，すなわち $n = mN + 1$（m は整数）のときは

$$x(n) = \frac{1}{N} \sum_{k=0}^{N-1} e^{j2\pi(mN+1-1)k/N} = \frac{1}{N} \sum_{k=0}^{N-1} e^{j2\pi mk} = 1$$

であり，$n \neq mN + 1$ のときは

$$x(n) = \frac{1}{N} \sum_{k=0}^{N-1} e^{j2\pi(n-1)k/N} = \frac{1 - \{e^{j2\pi(n-1)/N}\}^N}{1 - e^{j2\pi(n-1)/N}} = 0$$

である．これよりつぎの信号が求まる．

$$x(n) = \begin{cases} 1 & (n = mN + 1,\ m \text{ は整数}) \\ 0 & (\text{その他}) \end{cases}$$

◇

例題 6.6 角周波数 $\omega_k = 2\pi k/N$ $(k = 0, \cdots, N-1)$ の複素正弦波信号

$$e_k(n) = e^{j2\pi nk/N}$$

が基底信号である条件を満たすことを証明せよ。

【解答】 $e_k(n)$ は

$$\sum_{n=0}^{N-1} e_k(n)e_k^*(n) = \sum_{n=0}^{N-1} e^0 = N$$

より，信号をベクトルとみなしたとき k によらずすべて同じ長さである。また，$k \neq i$ のとき

$$\sum_{n=0}^{N-1} e_k(n)e_i^*(n) = \sum_{n=0}^{N-1} e^{j2\pi nk/N} e^{-j2\pi ni/N} = \sum_{n=0}^{N-1} e^{j2\pi n(k-i)/N}$$

$$= \frac{1 - \{e^{j2\pi(k-i)/N}\}^N}{1 - e^{j2\pi(k-i)/N}} = \frac{1 - e^{j2\pi(k-i)}}{1 - e^{j2\pi(k-i)/N}}$$

となり，$k-i$ が整数であることから $e^{j2\pi n(k-i)} = 1$ となり

$$\sum_{n=0}^{N-1} e_k(n)e_i^*(n) = 0$$

と計算できる。これは各信号が直交することを意味する。よって，$e_k(n)$ は基底信号である条件を満たしている。 ◇

6.3 高速フーリエ変換

離散フーリエ変換は，計算を工夫することにより高速に計算できる。本節では離散フーリエ変換の高速な計算方法について解説する。

$x(n)$ の離散フーリエ変換は，$W_N = e^{-j2\pi/N}$ とおくと，つぎのように書ける。

$$X(k) = \sum_{n=0}^{N-1} x(n) W_N^{kn} \quad (k = 0, \cdots, N-1)$$

ここで、W_N^{kn} を**回転因子**という。離散フーリエ変換の計算中、W_N^{kn} は k と n が 0 から $N-1$ まで変化するので N^2 回出現する。しかし、$W_N^{kn} = \cos(2\pi kn/N) + j\sin(2\pi kn/N)$ の関係から、W_N^{kn} の値は $k \times n$ を N で割った余りで値が決まるため、N 通りしかない。したがって、事前に回転因子を N 通り計算しておくことで、全体の計算量を削減できる。

ただし、すべての回転因子の値を事前に計算しておいたとしても、$X(k)$ を求めるには $x(n)$ と W_N^{kn} の乗算（N 回の乗算）と、それらの総和（$N-1$ 回の加算）の計算が必要であり、$X(0)$ から $X(N-1)$ まですべてを計算するには、N^2 に比例した計算量（これを $O(N^2)$ と書く）が必要である。

この計算量を $O(N\log_2 N)$ まで削減する方法として、**高速フーリエ変換**（fast Fourier transform; **FFT**）がある。高速フーリエ変換は N が 2 の累乗でなければならないという制約はあるが、きわめて高速に離散フーリエ変換を計算できる。以下では、$N = 2^3 = 8$ の場合について高速フーリエ変換の計算法を説明する。

$x(n)$ の偶数時刻の値を抽出してできる信号を $x_{\text{even}}(m)$、奇数時刻の値を抽出してできる信号を $x_{\text{odd}}(m)$ とおく。

$$x_{\text{even}}(m) = x(2m), \quad x_{\text{odd}}(m) = x(2m+1)$$

すると、$X(k)$ の計算は以下のように書ける。

$$\begin{aligned}
X(k) &= \sum_{n=0}^{7} x(n) W_8^{kn} \\
&= \sum_{m=0}^{3} x(2m) W_8^{k(2m)} + \sum_{m=0}^{3} x(2m+1) W_8^{k(2m+1)} \\
&= \sum_{m=0}^{3} x_{\text{even}}(m) W_4^{km} + W_8^k \sum_{m=0}^{3} x_{\text{odd}}(m) W_4^{km}
\end{aligned}$$

また，$X(k+4)$ は以下のように書ける[†]。

$$X(k+4) = \sum_{m=0}^{3} x_{\text{even}}(m)W_4^{km} - W_8^k \sum_{m=0}^{3} x_{\text{odd}}(m)W_4^{km}$$

ここで，離散フーリエ変換の定義式を

$$\text{DFT}_N[k,x] = \sum_{n=0}^{N-1} x(n)W_N^{kn}$$

のように書くと，先の関係式から次式が導ける。

$$X(k) = \text{DFT}_8[k,x] = \text{DFT}_4[k,x_{\text{even}}] + W_8^k \cdot \text{DFT}_4[k,x_{\text{odd}}]$$
$$X(k+4) = \text{DFT}_8[k+4,x] = \text{DFT}_4[k,x_{\text{even}}] - W_8^k \cdot \text{DFT}_4[k,x_{\text{odd}}]$$

この式からわかるように，$N=8$ の離散フーリエ変換は $N=4$ 離散のフーリエ変換を用いて求められる。同様に，$N=4$ の離散フーリエ変換は $N=2$ の離散フーリエ変換によって求められる。$X(0)$ から $X(7)$ までを計算する過程を図 **6.4** に示す。交差する線で表される計算を**バタフライ演算**という。

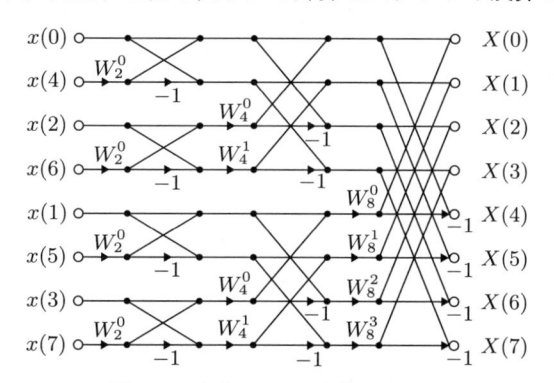

図 6.4 高速フーリエ変換の流れ図

[†] $X(k)$ および $X(k+4)$ の導出には，つぎの関係を用いている。

$$W_N^{2km} = e^{-j2\pi(2km)/N} = e^{-j2\pi km/(N/2)} = W_{N/2}^{km}$$
$$W_N^N = e^{-j2\pi N/N} = 1$$
$$W_N^{k+N/2} = e^{-j2\pi(k+N/2)/N} = e^{-j2\pi k/N} \cdot e^{-j\pi} = -W_N^k$$

$N=8$ のとき離散フーリエ変換を定義どおり計算する場合,乗算の回数は $8 \times 8 = 64$ 回,加算の回数は $8 \times (8-1) = 56$ 回である.一方,バタフライ演算によると,図 6.4 より乗算回数は 12 回(符号反転は含めない),加算回数は 24 回(減算も加算と同じ計算量なので加算と考える)となる.

図 **6.5** は,N に対して定義どおりに計算した場合(破線)と,高速フーリエ変換によって計算した場合(実線)とで,乗算回数を比較した図である.図より高速フーリエ変換は定義どおりの計算よりもきわめて計算量が少ないことがわかる.特に N が大きい場合,高速フーリエ変換はきわめて有用である.

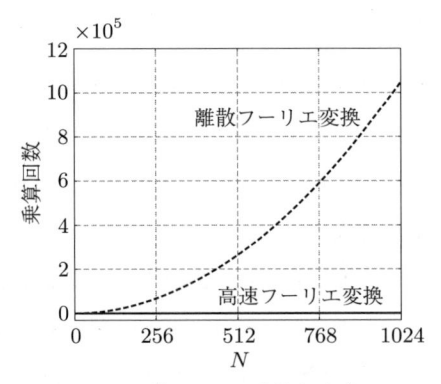

図 **6.5** 離散フーリエ変換と高速フーリエ変換の乗算回数の比較

6.4 周波数解析

信号が周期的である場合,離散フーリエ変換を用いてその周波数スペクトルを計算することができる[†].信号が非周期的であったり,周期的であっても分析したい区間が信号の周期と一致していなかったりすると,信号から分析したい

[†] 離散フーリエ変換の対象は周期信号に限られる.これは基底信号が周期的でかつ有限個であるからである.離散フーリエ変換は信号に含まれる基底信号の成分を計算することであり,この成分を各基底にかけて総和をとれば,元の信号が復元できる.有限個の周期信号(基底)の総和は必ず周期信号になる.したがって,離散フーリエ変換の対象は周期信号に限られる.

区間を切り出し，これを繰り返すような周期信号を想定し，これに対して離散フーリエ変換を行う必要がある[†]。

この切り出しに使う関数を**窓関数**（window function）という．有限区間を単純に切り出す窓関数として，**方形窓**（rectangular window） $w_r(n)$ がある．

$$w_r(n) = u(n) - u(n-N)$$

これを使って

$$y(n) = w_r(n)x(n)$$

とすると，$n=0$ から $N-1$ までの信号を単純に切り出すことができる．

いま，$x(n) = \sin(\omega n)$ （$\omega = \pi/8$）を，$N=32$ と $N=36$ で切り出した場合について考える．これらの信号の振幅スペクトルを離散フーリエ変換によって計算すると，**図 6.6** のようになる．(a) と (c) は $N=32$，$N=36$ の場合の時間領域での信号，(b) と (d) はそれぞれの信号の振幅スペクトルである．図より，信号をその周期（この場合 16）の整数倍で切り出した信号 (a) のスペクトルは，元の信号の周波数に対応する成分（$k=2$ および $k=32-2=30$）以外 0 となっているが，切り出し長が周期の整数倍となっていない信号 (c) では，元の信号の周波数以外の成分が 0 になっていない．

そこで，つぎに示す**ハニング窓**（hanning window） $w_n(n)$ を考える．

$$w_n(n) = 0.5 - 0.5\cos\left(\frac{2\pi n}{N-1}\right)$$

この窓関数は，図 (e) のように信号の最初と最後を滑らかに減衰させる効果があり，これによって得られた信号の振幅スペクトルは (f) のようになる．この図では元の信号の周波数以外の成分が抑えられ，(b) に近いスペクトルになる

[†] 分析区間を $0 \leq n < N$ とするとき，離散フーリエ変換の計算では，この区間以外の値を必要としないため，実際に周期信号を作る必要はなく「想定する（心の中で思う）」だけでよい．想定が必要な理由は前の脚注のとおりである．すなわち，分析区間以外で値が 0 のような信号は非周期信号であり，離散フーリエ変換の対象ではない．ただし，離散フーリエ変換の基底を，例題 6.1 の基底のように，分析区間以外 0 であるような信号を使うと考えれば，「想定」は不要である．

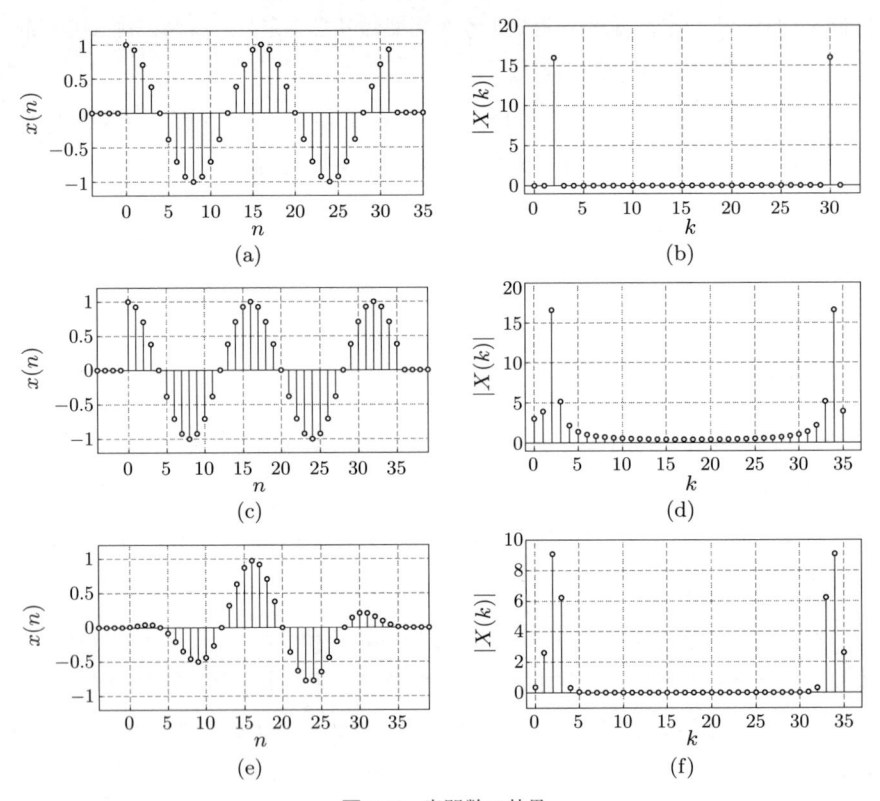

106   6. 離散時間信号の周波数領域表現 I

図 6.6 窓関数の効果

ことがわかる．このように，信号を切り出して分析する場合は，ハニング窓のような窓関数をかけて，元の信号に含まれない成分を抑える必要がある．

窓関数にはこのほかに，次式に示す**ハミング窓**（hamming window）$w_m(n)$ など，さまざまな特徴のものがある．

$$w_m(n) = \left\{0.52 - 0.46\cos\left(\frac{2\pi n}{N-1}\right)\right\} w_r(n)$$

> コーヒーブレイク

4人の話を同時に聞く方法

　10人の話を同時に聞き取れる人がいたらしい。人間が話す言葉（自然言語）はかなり冗長にできているそうなので，複数の話が混ざっても簡単に分離できるのかもしれない。ところで，携帯電話の基地局は，複数の携帯電話から同時に電波（信号）が送られても，それぞれをちゃんと分離して「聞き取る」ことができる。どういう仕組みだろうか。さまざまな方法が考えられるが，ここでは**直交信号**を使う方法を取り上げよう。

　直交信号とは信号どうしが直交な関係にある信号で，直交な関係の信号とは**内積**に相当する計算が0であるような信号である。図6.2に示した四つの信号 $e_0(n), e_1(n), e_2(n), e_3(n)$ は，たがいに直交関係にある。なぜなら各時刻の値をベクトルとみなして，内積（成分どうしの積の和）を計算すると，いずれの組でも0になるからである。

　4人がこの図の信号をそれぞれ使って，基地局に同時に情報を送ることを考えよう。0番の人は $e_0(n)$ を使って10を，1番の人は $e_1(n)$ を使って11を，2番の人は $e_2(n)$ を使って12を，3番の人は $e_3(n)$ を使って13を送るとする。どのように送るかというと，送りたい情報をそれぞれの信号にかけて送り出すのである。つまり，0番の人は $10e_0(n)$ (10, 10, 10, 10)，1番の人は $11e_1(n)$ (11, 11, -11, -11)，2番の人は $12e_2(n)$ (12, -12, 12, -12)，3番の人は $13e_3(n)$ (13, -13, -13, 13) を送信する。

　受信する側は

$$y(n) = 10e_0(n) + 11e_1(n) + 12e_2(n) + 13e_3(n)$$

という信号を受け取る。すなわち

```
     10   10  -10  -10  : 10e_0(n)
     11   11  -11  -11  : 11e_1(n)
     12  -12   12  -12  : 12e_2(n)
+)   13  -13  -13   13  : 13e_3(n)
    ─────────────────────
     46   -4   -2    0  : y(n)
```

を受信する。つまり

$$y(n) = 46\delta(n) - 4\delta(n-1) - 2\delta(n-2)$$

である。

さて，この信号からそれぞれが送った情報をどのように復元すればよいだろうか。これには内積を用いればよい。$\bm{e}_0 = (1,1,1,1)$, $\bm{e}_1 = (1,1,-1,-1)$, $\bm{e}_2 = (1,-1,1,-1)$, $\bm{e}_3 = (1,-1,-1,1)$, $\bm{y} = (46,-4,-2,0)$ のとき

$$x(0) = \bm{y} \cdot \bm{e}_0/4 = (46 - 4 - 2 + 0)/4 = 10$$
$$x(1) = \bm{y} \cdot \bm{e}_1/4 = (46 - 4 + 2 - 0)/4 = 11$$
$$x(2) = \bm{y} \cdot \bm{e}_2/4 = (46 + 4 - 2 - 0)/4 = 12$$
$$x(3) = \bm{y} \cdot \bm{e}_3/4 = (46 + 4 + 2 + 0)/4 = 13$$

となり，元の送信情報が復元できていることがわかる。

ところで，ここまで読み進んで気づいた人もいるだろうが，じつは各自が別々の時刻に情報を送れば，基地局で情報が混ざることはない。例えば n 番の人が時刻 n にだけ情報を送り出せば，基地局には 10, 11, 12, 13 と信号が順に届き，何の苦もなく全員の情報を個別に受信できる。確かにそのとおりだが，これには別の問題がある。このような方法で各自が情報を送ると，例えば 0 番の人は $10\delta(n)$（つまり $10, 0, 0, 0$）のようなインパルス信号を発信することになり，4 章のコーヒーブレイクでも述べたように，これは違法となる（その理由は 7 章を見てもらいたい）。したがって，このような方法は使えないのである。

上述のような直交信号を用いる方法は，現在，無線 LAN や携帯電話などで採用されている **OFDM** (orthogonal frequency-division multiplexing; **直交周波数分割多重**) という通信方式と同じで，あらゆる通信システムで使われている。

章 末 問 題

【1】 以下の信号

$$e_0(n) = \delta(n) + \delta(n-1) + \delta(n-2) + \delta(n-3)$$
$$e_1(n) = \delta(n) + j\delta(n-1) - \delta(n-2) - j\delta(n-3)$$
$$e_2(n) = \delta(n) - \delta(n-1) + \delta(n-2) - \delta(n-3)$$
$$e_3(n) = \delta(n) - j\delta(n-1) - \delta(n-2) + j\delta(n-3)$$

が直交基底であることを示し，これを使って

$$x(n) = \delta(n) + j\delta(n-1) + \delta(n-2)$$

を分解せよ。

【2】 $x(n) = \sin(\omega_c n)$ の離散フーリエ変換 $X(k)$ を，$0 \leq k < N$ の範囲で求めよ。ただし $\omega_c = 6\pi/N$，$N > 3$ とせよ。

7 離散時間信号の周波数領域表現 II
~周波数スペクトラムの表現・加工・再生~

この章では，非周期的な離散時間信号の周波数領域での表現法として，離散時間フーリエ変換とその性質について解説する．また，アナログ信号をサンプリングして離散時間信号にする際に重要となるサンプリング定理について説明する．

7.1 離散時間フーリエ変換

7.1.1 離散時間フーリエ変換の定義

離散フーリエ変換は周期信号を計算の対象としており，非周期的な信号は扱えない．これは，非周期的な信号がさまざまな角周波数の複素正弦波を含んでいるにもかかわらず，離散フーリエ変換で分解に用いる基底信号 $e^{j\omega_k n}$ は有限個（$k = 0, 1, \cdots, N$）しかないからである．そこで，ω を実数として，任意の角周波数 ω の複素正弦波信号 $e^{j\omega n}$ を基底信号としたフーリエ変換を考える．

非周期的な離散時間信号 $x(n)$ に対するつぎの計算を，**離散時間フーリエ変換** (discrete-time Fourier transform; **DTFT**) という．

$$X(e^{j\omega}) = \sum_{n=-\infty}^{\infty} x(n)e^{-j\omega n} \tag{7.1}$$

ここで ω は実数である．

また，$X(e^{j\omega})$ から元の離散時間信号 $x(n)$ を求めるつぎの計算を，**逆離散時間フーリエ変換**（inverse discrete-time Fourier transform; **IDTFT**）という．

$$x(n) = \frac{1}{2\pi} \int_{-\pi}^{\pi} X(e^{j\omega}) e^{j\omega n} d\omega \tag{7.2}$$

$X(e^{j\omega})$ は一般に複素数であり，$X(e^{j\omega})$ の振幅成分 $|X(e^{j\omega})|$ を**振幅スペクトル**（amplitude spectrum），位相成分 $\angle X(e^{j\omega})$ を**位相スペクトル**（phase spectrum），振幅の 2 乗 $|X(e^{j\omega})|^2$ を**パワースペクトル**（power spectrum）という．以降，離散時間信号 $x(n)$ とその離散時間フーリエ変換 $X(e^{j\omega})$ を，つぎのように表現する．

$$x(n) \overset{F}{\longleftrightarrow} X(e^{j\omega}) \quad \text{または} \quad X(e^{j\omega}) = \mathcal{F}[x(n)]$$

離散時間フーリエ変換は，**角周波数 ω の複素正弦波 $e^{j\omega n}$ が元の信号の中に含まれている割合（成分）を計算すること**，また，逆離散時間フーリエ変換は，**各基底の含まれる成分 $X(e^{j\omega})$ から元の信号を復元すること**と考えられる．ω が実数であることから，元の信号を復元するためには積分が必要となる．

表 **7.1** に離散フーリエ変換と離散時間フーリエ変換の特徴をまとめる．また，図 **7.1** に離散フーリエ変換と離散時間フーリエ変換のスペクトルの特徴を示す．離散フーリエ変換は基底信号が有限個であるため，周波数スペクトルの横軸である角周波数のとりうる値は有限個で，振幅スペクトルと位相スペクトルはともに離散的となる．一方，離散時間フーリエ変換は基底信号の数が無限であり，任意の角周波数に対して値が計算でき，スペクトルは連続的となる．

表 **7.1** 離散フーリエ変換と離散時間フーリエ変換の特徴

	離散フーリエ変換	離散時間フーリエ変換
対象となる信号	周期信号	非周期信号
スペクトル	離散的	連続的
計算機による処理	適する（FFT）	適さない

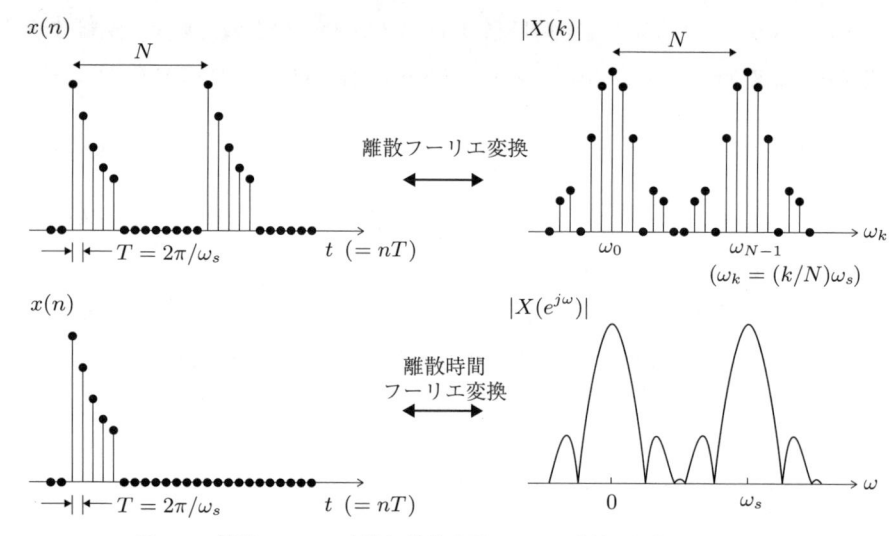

112   7. 離散時間信号の周波数領域表現 II

図 7.1 離散フーリエ変換と離散時間フーリエ変換の振幅スペクトル

例題 7.1 つぎの離散時間信号の離散時間フーリエ変換を求め，振幅スペクトルを $|\omega| \leq \pi$ の範囲で図示せよ．

(a) $x(n) = \delta(n)$

(b) $x(n) = u(n) - u(n-2)$

(c) $x(n) = \delta(n) - \delta(n-1) + \delta(n-2)$

【解答】
(a) 離散時間フーリエ変換の定義より

$$X(e^{j\omega}) = \sum_{n=-\infty}^{\infty} \delta(n) e^{-j\omega n} = 1$$

と求まる．振幅スペクトルは ω によらず $|X(e^{j\omega})| = 1$ より**図 7.2** (a) となる．この図から，単位インパルス信号にはすべての角周波数の複素正弦波信号が同じ割合で含まれていることがわかる．

(b) $x(n)$ は $x(0) = x(1) = 1$ で，それ以外で 0 である．したがって

$$X(e^{j\omega}) = \sum_{n=-\infty}^{\infty} \{u(n) - u(n-2)\} e^{-j\omega n} = \sum_{n=0}^{1} e^{-j\omega n}$$

図 7.2

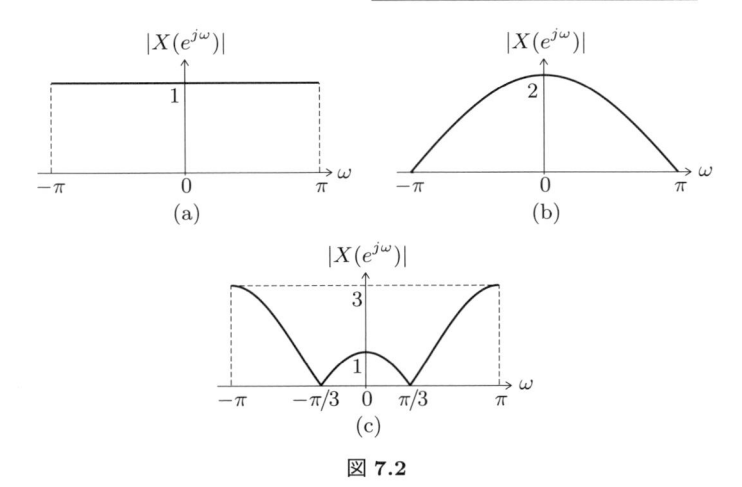

$$= 1 + e^{-j\omega} = (e^{j\omega/2} + e^{-j\omega/2})e^{-j\omega/2} = 2\cos(\omega/2)e^{-j\omega/2}$$

となる。また，$|X(e^{j\omega})| = 2|\cos(\omega/2)|$ と求めることができ，$|\omega| \leq \pi$ における振幅スペクトルは図 7.2 (b) のようになる。図から，この信号には直流成分（$\omega = 0$ の複素正弦波信号）が最も強く含まれており，$\omega = \pm\pi$ の複素正弦波信号はまったく含まれていないことが読み取れる。

(c) 離散時間フーリエ変換の定義より

$$X(e^{j\omega}) = 1 - e^{-j\omega} + e^{-j2\omega} = (e^{j\omega} + e^{-j\omega})e^{-j\omega} - e^{-j\omega}$$
$$= \{2\cos(\omega) - 1\}e^{-j\omega}$$

となり，$|X(e^{j\omega})| = |2\cos(\omega) - 1|$ と求めることができる。振幅スペクトルは図 7.2 (c) のようになる。

$\diamond$

例題 7.2 つぎの離散時間信号の離散時間フーリエ変換を求めよ。

(1) $x(n) = u(n) - u(n-8)$
(2) $x(n) = \{u(n) - u(n-8)\}e^{j\omega_c n}$

【解答】
(1) 離散時間フーリエ変換の定義より

$$X(e^{j\omega}) = \sum_{n=0}^{7} e^{-j\omega n} = \frac{1-e^{-j8\omega}}{1-e^{-j\omega}}$$
$$= \frac{(e^{j4\omega}-e^{-j4\omega})e^{-j4\omega}}{(e^{j\omega/2}-e^{-j\omega/2})e^{-j\omega/2}} = \frac{\sin(4\omega)}{\sin(\omega/2)}e^{-j7\omega/2}$$

である。

※ 別解

$$X(e^{j\omega}) = 1 + e^{-j\omega} + e^{-j2\omega} + e^{-j3\omega} + \cdots + e^{-j7\omega}$$
$$= (1+e^{-j\omega})(1+e^{-j2\omega}+e^{-j4\omega}+e^{-j6\omega})$$
$$= (1+e^{-j\omega})(1+e^{-j2\omega})(1+e^{-j4\omega})$$
$$= 2\cos(\omega/2)e^{-j\omega/2} \cdot 2\cos(\omega)e^{-j\omega} \cdot 2\cos(2\omega)e^{-j2\omega}$$
$$= 8\cos(\omega/2)\cos(\omega)\cos(2\omega)e^{-j7\omega/2}$$

(2) 離散時間フーリエ変換の定義より

$$X(e^{j\omega}) = \sum_{n=0}^{7} e^{j\omega_c n}e^{-j\omega n} = \sum_{n=0}^{7} e^{-j(\omega-\omega_c)n}$$

であり,ここで $\omega' = \omega - \omega_c$ とすると

$$X(e^{j\omega}) = \sum_{n=0}^{7} e^{-j\omega' n} = \frac{1-e^{-j8\omega'}}{1-e^{-j\omega'}} = \frac{\sin(4\omega')}{\sin(\omega'/2)}e^{-j7\omega'/2}$$

となる。

◇

7.1.2 振幅スペクトルのデシベル表現

周波数スペクトルが

$$X(e^{j\omega}) = A(\omega)e^{j\phi(\omega)}$$

のように表されるとき,振幅スペクトルは $|X(e^{j\omega})| = |A(\omega)|$ である。振幅スペクトル $|A(\omega)|$ の実際の値を表現する場合,つぎのように対数を用いることがある。

$$20\log_{10}|A(\omega)| \ \text{[dB]}$$

このような対数表示を**デシベル**（decibel）表示という．おもな値のデシベル表示を**表 7.2** に示す．

表 7.2 おもな値のデシベル表示

真値	デシベル
0.01	$20\log_{10}0.01 = 20\log_{10}10^{-2} = -40$ dB
0.1	$20\log_{10}0.1 = 20\log_{10}10^{-1} = -20$ dB
0.5	$20\log_{10}0.5 = 20\log_{10}2^{-1} \approx -6$ dB
1	$20\log_{10}1 = 0$ dB
2	$20\log_{10}2 \approx 20 \times 0.3 = 6$ dB
10	$20\log_{10}10 = 20\log_{10}10^1 = 20$ dB
100	$20\log_{10}100 = 20\log_{10}10^2 = 40$ dB

対数の性質より乗除算の計算は加減算に置き換えられる．よって，例えば 5 のデシベル表示は

$$20\log_{10}5 = 20\log_{10}\frac{10}{2} = 20(\log_{10}10 - \log_{10}2)$$
$$\approx 20 \times (1 - 0.3) = 14 \ \text{[dB]}$$

のように，また $10 \times 2 \times 0.001$ のデシベル表示は

$$20\log_{10}(10 \times 2 \times 0.001) = 20\log_{10}10 + 20\log_{10}2 - 20\log_{10}0.001$$
$$\approx 20\,\text{dB} + 6\,\text{dB} - 60\,\text{dB} = -34 \ \text{[dB]}$$

のように求められる．

振幅スペクトルをデシベル表示すると，大きな振幅から小さな振幅まできわめて広い範囲の値を表示することができる．**図 7.3** は通常の真値による表示とデシベル表示の比較である．図より，通常の表示 (a) ではほぼ 0 に見える値も，デシベル表示 (b) ではどの程度の大きさの値であるかがよくわかる．

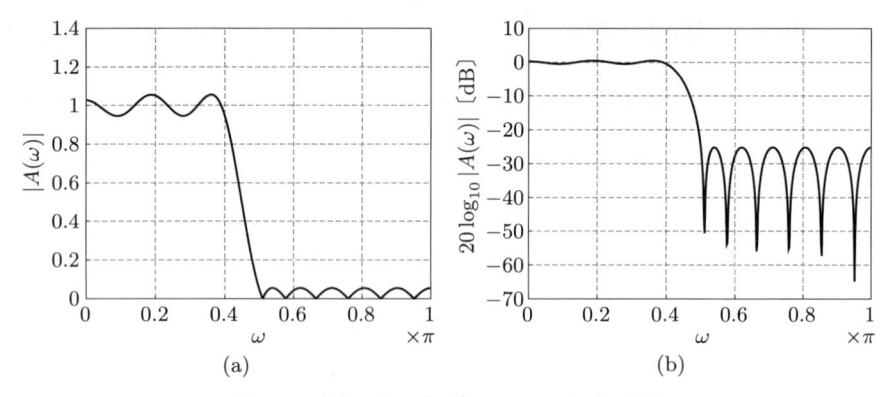

図 **7.3** 真値による表示とデシベル表示の比較

例題 7.3 つぎの値をデシベル表示せよ。

(1) $A_1 = 10^{-6}$ (2) $A_2 = 0.0002$
(3) $A_3 = 50$ (4) $A_4 = A_1 \times A_2$

【解答】 定義より計算する。
(1) $20 \log_{10} 10^{-6} = -120$ 〔dB〕
(2) $20 \log_{10} 0.0002 = 20 \log_{10} 2 \times 10^{-4} \approx 6 + (-80) = -74$ 〔dB〕
(3) $20 \log_{10} 50 = 20 \log_{10} 100/2 \approx 40 - 6 = 34$ 〔dB〕
(4) $20 \log_{10} A_1 \times A_2 \approx -120 + (-74) = -194$ 〔dB〕

$\diamondsuit$

7.1.3 位相スペクトルの図表現

周波数スペクトルが

$$X(e^{j\omega}) = A(\omega)e^{j\phi(\omega)}$$

のように表されるとき，振幅スペクトルを $|X(e^{j\omega})| = |A(\omega)|$ と考えると，位相スペクトル $\angle X(e^{j\omega})$ は $\phi(\omega)$ ではないことに注意する必要がある。なぜなら，$A(\omega) < 0$ のとき $-1 = e^{j\pi}$ の関係から

7.1 離散時間フーリエ変換

$$X(e^{j\omega}) = A(\omega)e^{j\phi(\omega)} = -|A(\omega)|e^{j\phi(\omega)} = |A(\omega)|e^{j\{\phi(\omega)+\pi\}}$$

となり，$\angle X(e^{j\omega})$ は $\phi(\omega)+\pi$ となる。すなわち，$A(\omega)$ の符号が負の場合は π だけ位相がずれる。

$$\angle X(e^{j\omega}) = \begin{cases} \phi(\omega)+\pi & (A(\omega)<0) \\ \phi(\omega) & (その他) \end{cases}$$

このことから，位相スペクトルをグラフに描く場合には，注意が必要である。例えば

$$X(e^{j\omega}) = \cos(\omega)e^{-j\omega}$$

の $|\omega| \leq 2\pi$ における位相スペクトルは，$\cos(\omega) < 0$ すなわち $\pi/2 < |\omega| < 3\pi/2$ の範囲では，$\angle X(e^{j\omega})$ は $-\omega$ でなく $-\omega+\pi$ であるので，位相スペクトルは次式となる。

$$\angle X(e^{j\omega}) = \begin{cases} -\omega+\pi & (\pi/2 < |\omega| < 3\pi/2) \\ -\omega & (その他) \end{cases}$$

図 **7.4** (a) は振幅スペクトル，図 7.4 (b) は位相スペクトルで，破線は $A(\omega)$ の符号を考慮していないスペクトル，実線は符号を考慮したスペクトルである[†]。

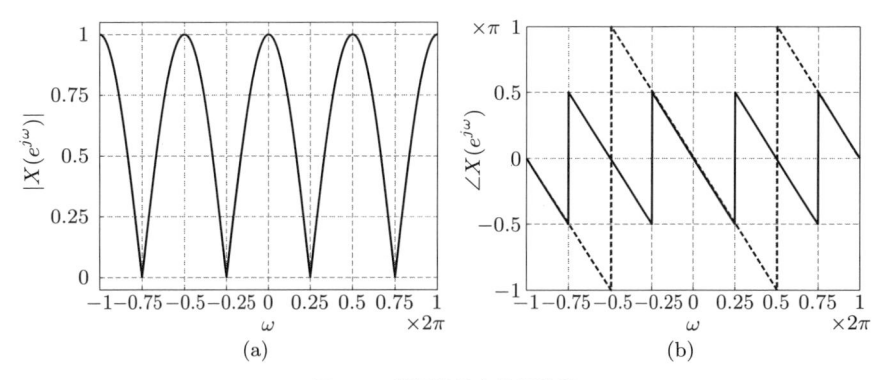

図 7.4 振幅特性と位相特性

[†] $e^{j(\theta+2\pi n)} = e^{j\theta}$（$n$ は整数）の関係から，位相スペクトルは $-\pi$ から π の範囲で図示するのが一般的であるため，位相特性のグラフは折線となる。

$\pi/2 < |\omega| < 3\pi/2$ の範囲で破線と実線は異なっていることがわかる。実線は $A(\omega)$ の符号を考慮して π だけ位相がシフトしている[†]。

例題 7.4 周波数スペクトルが次式で与えられる信号の位相スペクトルを $|\omega| \leqq 2\pi$ の範囲で図示せよ。

$$X(e^{j\omega}) = \{2\cos(\omega) - 1\}e^{-j\omega}$$

【解答】 $2\cos(\omega) - 1 < 0$ となる範囲は $\pi/3 < |\omega| < 5\pi/3$ である。したがって位相スペクトルは次式となる。

$$\angle X(e^{j\omega}) = \begin{cases} -\omega + \pi & (\pi/3 < |\omega| < 5\pi/3) \\ -\omega & (その他) \end{cases}$$

図 **7.5** (a) は振幅スペクトル,図 7.5 (b) は,実線が $2\cos(\omega) - 1$ の符号を考慮した位相スペクトル,破線は符号を考慮していないスペクトルである。   ◇

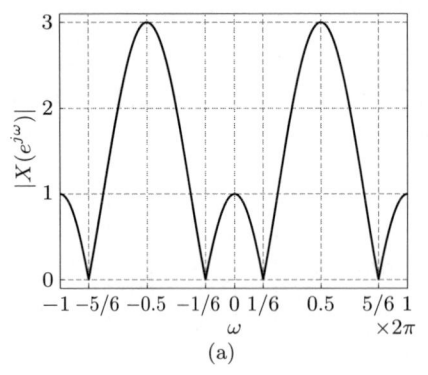

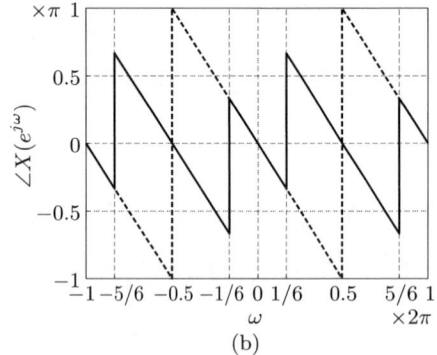

図 **7.5**

[†] 振幅スペクトルを $|A(\omega)|$ ではなく $A(\omega)$ と定義し,$\phi(\omega)$ をそのまま位相スペクトルとする文献もある。

7.2 離散時間フーリエ変換の性質

離散時間フーリエ変換には，表 **7.3** に示すような性質がある。おもな性質について，以下で説明する。ここで，$X_1(e^{j\omega}) = \mathcal{F}[x_1(n)]$，$X_2(e^{j\omega}) = \mathcal{F}[x_2(n)]$，$X(e^{j\omega}) = \mathcal{F}[x(n)]$ とする。

表 **7.3** 離散時間フーリエ変換のおもな性質

	時間領域	周波数領域
線形性	$ax_1(n) + bx_2(n)$	$aX_1(e^{j\omega}) + bX_2(e^{j\omega})$
時間シフト	$x(n-k)$	$X(e^{j\omega})e^{-j\omega k}$
周波数シフト	$x(n)e^{j\omega_0 n}$	$X(e^{j(\omega-\omega_0)})$
時間領域たたみ込み	$\sum_{k=-\infty}^{\infty} x_1(k)x_2(n-k)$	$X_1(e^{j\omega})X_2(e^{j\omega})$
周波数領域たたみ込み	$x_1(n)x_2(n)$	$\dfrac{1}{2\pi}\int_{-\pi}^{\pi} X_1(e^{j\varphi})X_2(e^{j(\omega-\varphi)})d\varphi$
周期性	$X(e^{j\omega}) = X(e^{j(\omega+2\pi k)})$	
周波数対称性	$x(n)$ が実信号の場合 $\mathrm{Re}[X(e^{j\omega})] = \mathrm{Re}[X(e^{-j\omega})],\ \mathrm{Im}[X(e^{j\omega})] = \mathrm{Im}[-X(e^{-j\omega})]$	
パーセバルの定理	$\sum_{n=-\infty}^{\infty} |x(n)|^2 = \dfrac{1}{2\pi}\int_{-\pi}^{\pi} |X(e^{j\omega})|^2 d\omega$	

- 線形性

$$\mathcal{F}[ax_1(n) + bx_2(n)] = a\mathcal{F}[x_1(n)] + b\mathcal{F}[x_2(n)]$$
$$= aX_1(e^{j\omega}) + bX_2(e^{j\omega}) \tag{7.3}$$

ここで a, b は任意の定数である。

この性質によると，任意の離散時間信号を定数倍して足し合わせてできる信号のフーリエ変換は，それぞれを独立に変換し，その後定数倍して足し合わせたものと等しい。つまり，二つの信号のフーリエ変換が既知の場合は，その和の信号のフーリエ変換は，フーリエ変換どうしの和で求められる。

- **時間シフト**

$$\mathcal{F}[x(n-k)] = X(e^{j\omega})e^{-j\omega k} \tag{7.4}$$

ここで k は任意の整数である。

この性質によると，ある離散時間信号を k だけ遅らせた信号のフーリエ変換は，元の信号の変換に $e^{-j\omega k}$ をかけたものとなる。これは，振幅スペクトルは変化せず，位相スペクトルが $-\omega k$ だけ変化することを意味する。

- **周波数シフト**

$$\mathcal{F}[x(n)e^{j\omega_0 n}] = X(e^{j(\omega-\omega_0)}) \tag{7.5}$$

ここで ω_0 は任意の定数である。

この性質によると，ある離散時間信号に角周波数 ω_0 の複素正弦波 $e^{j\omega_0 n}$ をかけた信号のフーリエ変換は，振幅スペクトル，位相スペクトルをともに右に ω_0 シフトするだけで得られる。

- **時間領域たたみ込み**

$$\mathcal{F}\left[\sum_{k=-\infty}^{\infty} x_1(k)x_2(n-k)\right] = X_1(e^{j\omega})X_2(e^{j\omega}) \tag{7.6}$$

この性質によると，たたみ込み後の信号の離散時間フーリエ変換は，たたみ込み前に独立にフーリエ変換したものどうしのかけ算で求められる。

例題 7.5 つぎの信号の振幅スペクトルを求め，その概形を図示せよ。ただし，$X_0(e^{j\omega}) = \mathcal{F}[x_0(n)]$，$X_1(e^{j\omega}) = \mathcal{F}[x_1(n)]$，$X_2(e^{j\omega}) = \mathcal{F}[x_2(n)]$ の振幅スペクトルは，図 **7.6** に示すとおりとせよ。

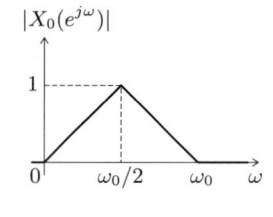

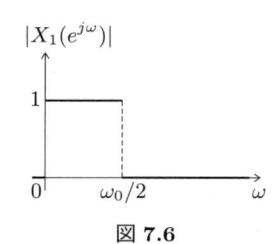

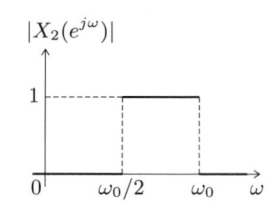

図 **7.6**

(a) $y_1(n) = x_0(n) * x_1(n)$ (b) $y_2(n) = x_0(n) * x_2(n)$
(c) $y_3(n) = y_1(n)e^{j\omega_0 n}$ (d) $y_4(n) = 2y_2(n) + y_3(n)$

【解答】
(a) たたみ込みのフーリエ変換は，フーリエ変換どうしの積となる．ゆえに，振幅スペクトルは図 **7.7** (a) となる．
(b) 振幅スペクトルは，図 7.7 (b) となる．
(c) $e^{j\omega_0 n}$ をかけると，スペクトルは右へ ω_0 シフトする．ゆえに，振幅スペクトルは図 7.7 (c) となる．
(d) 線形性の性質より，振幅スペクトルは図 7.7 (d) となる．

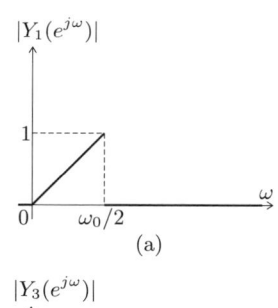

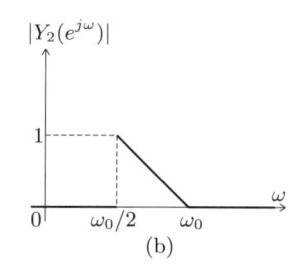

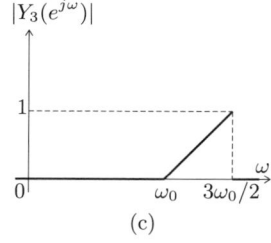

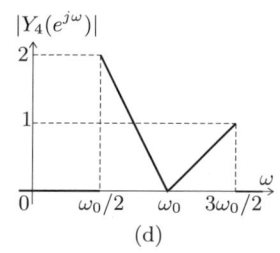

◇

図 **7.7**

7.3 サンプリング定理

一般に離散時間信号は，図 1.1 のように連続時間信号を一定の間隔（サンプリング周期）T でサンプリングして得られる．この際，サンプリング周期が適切でないと，不必要な周波数成分や偽の周波数成分を含む離散時間信号が生成

される。本節では，その原因と，正しいサンプリングのための定理について述べる。

例題 7.6 円上を 1 秒間に f_c 回転（左回転のとき $f_c > 0$ とする）している物体をフレームレート f_s（1 秒間に撮影するフレーム数）を 100 として動画撮影した。つぎの問に答えよ。

(1) 1 フレームごとに物体は左に $\pi/4$ 回転していた。f_c を求めよ。

(2) $0 < f_c < f_s$ のとき，物体が右回転しているように見える f_c の範囲を求めよ。

【解答】
(1) $f_s = 100$ よりフレーム間隔は $T = 1/f_s = 0.01$〔s〕である。0.01 秒間に物体が $\pi/4$ 回転していたということは，その間に物体は 1/8 周か，1/8 + 1 周か，1/8 + 2 周か，…，または，右に 7/8 周（左に 1/8 − 1 周）か，7/8 + 1 周（左に 1/8 − 2 周）か，7/8 + 2 周（左に 1/8 − 3 周）か，…，すなわち，1/8 + m 周（m は整数）回転していたと考えられる。したがって，回転の角速度 ω_c は

$$\omega_c = \frac{\pi/4 + 2\pi m}{0.01} = (200m + 25)\pi$$

であり

$$f_c = \frac{\omega_c}{2\pi} = 12.5 + 100m \text{〔Hz〕} \quad (m \text{ は整数})$$

となる。

(2) 1 フレーム当りの回転角が π より大きく 2π より小さいとき，右回転しているように見える。1 フレーム当りの回転角は $\omega_c T = 2\pi f_c T$ より

$$f_s/2 < f_c < f_s$$

である。以上から，実際の回転周波数 f_c がフレーム化（離散化）の周波数 f_s の半分以上になると，実際と逆に回転しているように見えることがわかる[†]。
◇

[†] すなわち，動画から本当の回転速度はわからない。したがって，**動画から受ける印象は真実と異なる可能性がある。**

例題 7.7

(1) 周波数 $f_0 = 1\,\mathrm{kHz}$ の連続時間の正弦波信号 $x_0(t) = \sin(2\pi f_0 t)$ を，サンプリング周期 $T = 0.25\,\mathrm{ms}$（サンプリング周波数 $f_s = 4\,\mathrm{kHz}$）でサンプリングし，得られる離散時間信号 $x_0(n)$ を $0 \leqq n \leqq 4$ の範囲で図示せよ．

(2) 周波数 $f_1 = 5\,\mathrm{kHz}$ の連続時間の正弦波 $x_1(t) = \sin(2\pi f_1 t)$ に対して (1) と同じサンプリングを行い，得られる信号 $x_1(n)$ が $x_0(n)$ と等しいことを示せ．

(3) $x_k(t) = \sin(2\pi f_k t)$，$f_k = f_0 + k f_s$（$k$ は任意の整数）とするとき，この連続時間信号を (1) と同じ f_s でサンプリングすると，すべての k で同じ離散時間信号が得られることを示せ．

【解答】

(1) $t = nT$ より $x_0(n) = \sin(2\pi f_0 nT)$ であり，$T = 1/f_s$ かつ $f_0/f_s = 1/4$ より，$x_0(n) = \sin(2\pi f_0 n/f_s) = \sin(\pi n/2)$ である．つまり，$x_0(0) = 0$，$x_0(1) = \sin(\pi/2) = 1$，$x_0(2) = \sin(2\pi/2) = 0$，$x_0(3) = \sin(3\pi/2) = -1$，$x_0(4) = \sin 4(\pi/2) = 0$ となる．グラフを図 **7.8** に示す．◯ がサンプリングされた値である．

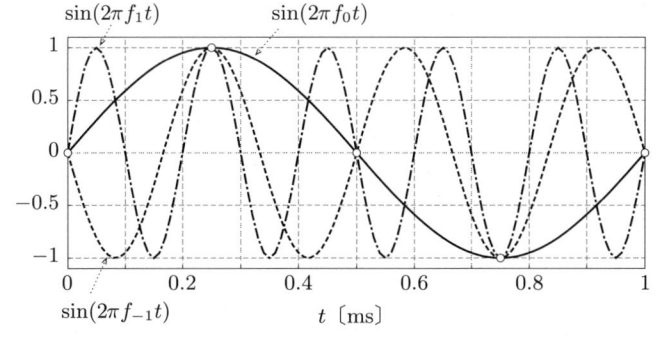

図 **7.8**

(2) $x_1(n) = \sin(2\pi f_1 nT)$ であり, $T = 1/f_s$ かつ $f_1/f_s = 5/4$ より

$$x_1(n) = \sin(5\pi n/2) = \sin(2\pi n + \pi n/2) = \sin(\pi n/2) = x_0(n)$$

となり, $x_1(n)$ は $x_0(n)$ と等しいことがわかる.

(3) $x_k(t)$ を T ごとにサンプリングすると, $t = nT$ より

$$\begin{aligned}
x_k(n) &= \sin(2\pi f_k nT) = \sin\left\{2\pi(f_0 + kf_s)n\frac{1}{f_s}\right\} \\
&= \sin(2\pi f_0 nT)\cos\left(2\pi kf_s n\frac{1}{f_s}\right) \\
&\quad + \cos(2\pi f_0 nT)\sin\left(2\pi kf_s n\frac{1}{f_s}\right) \\
&= \sin(2\pi f_0 nT)\underbrace{\cos(2\pi kn)}_{=1} + \cos(2\pi f_0 nT)\underbrace{\sin 2(\pi kn)}_{=0} \\
&= \sin(2\pi f_0 nT)
\end{aligned}$$

となり, k が異なっていても得られる離散時間信号はすべて等しくなる. この例の場合 $f_k = 1 + 4k$ であるから, $k = 0, 1, 2, \cdots$ に対して $1\,\mathrm{kHz}$, $5\,\mathrm{kHz}$, $9\,\mathrm{kHz}, \cdots$, また $k = -1, -2, -3, \cdots$ に対して $-3\,\mathrm{kHz}$, $-7\,\mathrm{kHz}$, $-11\,\mathrm{kHz}^\dagger$, $\cdots$ の正弦波から, 同じ離散時間信号が得られる.

◇

以上の例から, つぎのことがいえる. 後述の例外を除いて, **離散時間信号から元の連続時間信号の周波数を知ることはできない.**

一般に, 連続時間信号のフーリエ変換を $X_a(f)$, これをサンプリングした後の離散時間信号のフーリエ変換を $X(f)$ とすると, これらのスペクトルの間にはつぎの関係が成り立つ.

$$X(f) = \frac{1}{T}\sum_{k=-\infty}^{\infty} X_a(f)$$

以上の関係を図にすると, **図 7.9** となる. 図 7.9 (a) は連続時間信号のスペクトルである. これを f_s でサンプリングすると, 図 7.9 (b) のように同じ形状のスペクトルが f_s ごとに生じる. これは, 先の例において f_0 の成分が $f_0 + kf_s$ に現れることに対応する.

---

† 負の周波数については 1.3.1 項を参照.

7.3 サンプリング定理

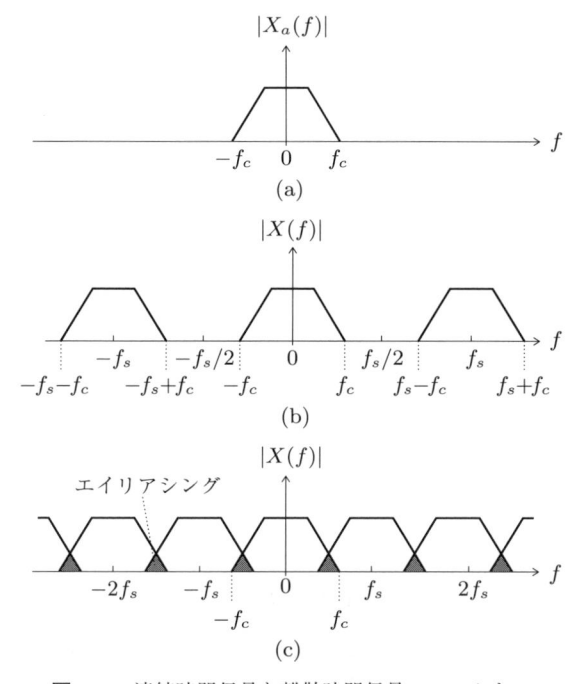

図 7.9 連続時間信号と離散時間信号のスペクトル

離散時間信号から元の連続時間信号の周波数成分を知ることができる唯一の例外は，その連続時間信号が正しく**帯域制限**されている場合である．連続時間信号のスペクトル $X_a(f)$ の幅が制限されているとき，この信号を**帯域制限信号**（band limited signal）といい，この幅が $|f| = f_c < f_s/2$ の場合に限り，離散時間信号と元の連続時間信号の周波数成分は一致する．

この f_c が $f_s/2$ を超えると，図 7.9 (c) に示すようにスペクトルが重なり合い，離散時間領域では連続時間領域と異なるスペクトルとなる．これを**エイリアシング**（aliasing）または**折り返し**という．エイリアシングがないと連続時間信号と離散時間信号のスペクトルは同じになるため，離散時間信号から連続時間信号を正確に再現することができるが，エイリアシングが生じるとスペクトルが異なるため，正確な再現はもはや不可能になる．

エイリアシングの発生を回避して，離散時間領域でも連続時間領域のスペク

トル形状を維持するためには

$$f_c < f_s/2 \tag{7.7}$$

の条件が不可欠である。これを**サンプリング定理**（sampling theorem）という。この条件が満たされていれば，離散時間信号からの正確な信号再生が可能となる。

例題 7.8 人間の聞き取れる音は最高 20 kHz 程度だといわれている。0〜20 kHz の音波を正確に再現するためには，最低何 Hz でサンプリングする必要があるか。

【解答】 $f_c = 20\,\text{kHz}$ のとき，サンプリング定理より $f_s > 2f_c = 40\,\text{kHz}$ でなければならない。 ◇

─┤コーヒーブレイク├─

インパルスは違法！

携帯電話のマルチパスの状況を調べるために，インパルス信号を基地局から発することは違法になると，4 章のコーヒーブレイクで説明した。また，6 章のコーヒーブレイクでは，情報を送信するために携帯電話側からインパルス信号を発信することは違法だ，とも述べた。なぜだろう。それはインパルス信号にすべての周波数の信号が含まれているからである。

例題 7.1 (a) において，インパルス信号をフーリエ変換すると，すべての周波数の複素正弦波が同じ割合で含まれていることが計算で求められた。もっと直感的に説明すると，例えば図 6.2 の四つの信号を単純に足すと

$$e_0(n) + e_1(n) + e_2(n) + e_3(n) = \begin{cases} 4 & (n = 0) \\ 0 & (n \neq 0) \end{cases}$$

となる。これはインパルス信号 $4\delta(n)$ と等しい。このように，インパルス信号は直交基底となるすべての信号を合算してできている。

ところで，電波の周波数は有限であり，限りある資源である。国は電波資源を管理しており，企業や個人が電波を使うためには国の許可が必要である。国は許可を出す際，必ず使用帯域を指定する。電波を発する企業や個人は，決められた周波数帯域以外に電波を出すと，違法として罰せられる。インパルス信号を電波に乗せて発することは，すべての周波数の信号を発するのと等しいため，まさに

違法行為となる。したがって，マルチパスを知るためや情報を送るために，インパルス信号を発することはできない。

章 末 問 題

【1】 図 7.10 の信号の離散時間フーリエ変換を求め，振幅スペクトルを $|\omega| \leq \pi$ の範囲で図示せよ。

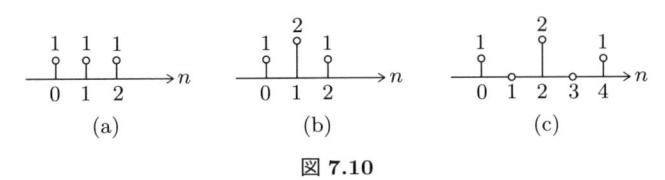

図 7.10

【2】 つぎの信号の離散時間フーリエ変換を求めよ。
(1) $x(n) = \delta(n) - \delta(n-1) - \delta(n-2) + \delta(n-3)$
(2) $x(n) = \{u(n) - u(n-8)\}\cos(\omega_c n)$

【3】 つぎの信号の振幅スペクトルの概形を図示せよ。ただし，$x(n)$ の離散時間フーリエ変換を $X(e^{j\omega})$ とし，その振幅スペクトルは図 7.11 に示すとおりとせよ。また $\omega_0 = \omega_s/3$ とせよ。
(a) $y_1(n) = 2x(n)$
(b) $y_2(n) = x(n)e^{j\omega_0 n}$
(c) $y_3(n) = y_1(n) + y_2(n)$
(d) $y_4(n) = y_1(n)\cos(\omega_0 n)$

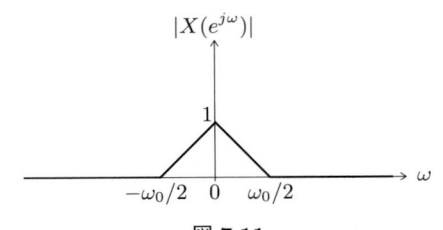

図 7.11

【4】 ディジタルカメラは，2次元平面上に並べた受光素子にレンズで集光した光を投影し，各受光素子が受ける光の量（明暗）を濃淡値に変換してディジタル画像を生成する。いま，受光素子が x 方向に単位長さ当り f_s 個並んでおり，これに $c(x) = \cos(2\pi f_c x) + 1$ に比例する強さの光が入ったとする。$f_c = 7f_s/8$ のとき，どのような縞模様のディジタル画像が得られるか考えよ。

8 離散時間システムの周波数領域表現

本章では，正弦波をシステムに入力したときの出力の特徴が容易にわかる周波数特性について述べる。信号はさまざまな角周波数の正弦波に分解できるため，周波数特性を知ることで信号がいかなる加工を受けるかを直感的に理解できる。伝達関数やフーリエ変換との関係を示し，最後に簡単なディジタルフィルタの設計について解説する。

8.1 離散時間システムの周波数特性

インパルス応答が $h(n)$ のシステムに，角周波数 ω の複素正弦波信号 $x(n) = e^{j\omega n}$ を入力したとき，出力信号はたたみ込みの定義より

$$y(n) = \sum_{k=-\infty}^{\infty} h(k) x(n-k) = \sum_{k=-\infty}^{\infty} h(k) e^{j\omega(n-k)}$$

$$= \left(\sum_{k=-\infty}^{\infty} h(k) e^{-j\omega k} \right) e^{j\omega n}$$

となる。ここで

$$H(e^{j\omega}) = \sum_{n=-\infty}^{\infty} h(n) e^{-j\omega n} \tag{8.1}$$

とおくと，出力信号は

$$y(n) = H(e^{j\omega}) x(n)$$

と書ける。$H(e^{j\omega})$ は時刻 n を含まない複素定数（ただし ω に依存する）であ

る．このことから，システムに複素正弦波 $e^{j\omega n}$ が入力されたとき，システムはこの信号に複素定数 $H(e^{j\omega})$ をかけるだけであることがわかる．

ここで，$M(\omega) = |H(e^{j\omega})|$，$\phi(\omega) = \angle H(e^{j\omega})$ とすると

$$H(e^{j\omega}) = M(\omega)e^{j\phi(\omega)}$$

となり，出力信号は

$$y(n) = M(\omega)e^{j\phi(\omega)} \cdot e^{j\omega n} = M(\omega)e^{j\{\omega n + \phi(\omega)\}}$$

と書ける．すなわち，出力信号は振幅 $M(\omega)$，初期位相 $\phi(\omega)$，角周波数 ω（入力信号と同じ周波数）の複素正弦波となる．

以上をまとめると，つぎのようになる．

- 複素正弦波を入力すると，**同じ周波数の複素正弦波**が出力される
- 周波数 ω の複素正弦波は，**振幅が $M(\omega)$ 倍される**
- 周波数 ω の複素正弦波は，**位相が $\phi(\omega)$ 進む**

$H(e^{j\omega})$ をシステムの**周波数特性**（frequency characteristic）という．また，$M(\omega)$ を**振幅特性**（amplitude characteristic），$\phi(\omega)$ を**位相特性**（phase characteristic）という．

すべての信号は複素正弦波に分解できるため，周波数特性を知ることで，あらゆる信号がそのシステムによってどのように変化するかを知ることができる．

例題 8.1 つぎの差分方程式で定義されるシステムの周波数特性と振幅特性を求めよ．

(1) $y(n) = x(n) + x(n-1)$
(2) $y(n) = x(n) - x(n-1) + x(n-2) - x(n-3)$

【解答】

(1) インパルス応答は $h(0) = h(1) = 1$, $h(n) = 0$ $(n \neq 0, 1)$ であるので，式 (8.1) より周波数特性は

$$H(e^{j\omega}) = \sum_{n=-\infty}^{\infty} h(n)e^{-j\omega n} = 1 + e^{-j\omega}$$

$$= (e^{j\omega/2} + e^{-j\omega/2})e^{-j\omega/2} = 2\cos(\omega/2)e^{-j\omega/2}$$

となる。また，振幅特性は $M(\omega) = |H(e^{j\omega})| = 2|\cos(\omega/2)|$ である。

(2) インパルス応答は，$h(0) = h(2) = 1$, $h(1) = h(3) = -1$, $h(n) = 0$ $(n \neq 0, 1, 2, 3)$ であるので，式 (8.1) より周波数特性は

$$\begin{aligned}
H(e^{j\omega}) &= 1 - e^{-j\omega} + e^{-j2\omega} - e^{-j3\omega} \\
&= (e^{j\omega} + e^{-j\omega})e^{-j\omega} - (e^{j\omega} + e^{-j\omega})e^{-j2\omega} \\
&= (e^{j\omega} + e^{-j\omega})(e^{j\omega/2} - e^{-j\omega/2})e^{-j3\omega/2} \\
&= j4\cos(\omega)\sin(\omega/2)e^{-j3\omega/2} \\
&= 4\cos(\omega)\sin(\omega/2)e^{-j(3\omega/2 - \pi/2)}
\end{aligned}$$

となる。また，振幅特性は $M(\omega) = |H(e^{j\omega})| = 4|\cos(\omega)\sin(\omega/2)|$ である。

※ **注意** (1) の差分方程式において，$x(n) = e^{j\omega n}$ とすると

$$\begin{aligned}
y(n) &= e^{j\omega n} + e^{j\omega(n-1)} = (1 + e^{-j\omega})e^{j\omega n} \\
&= (e^{j\omega/2} + e^{-j\omega/2})e^{-j\omega/2} \cdot e^{j\omega n} = 2\cos(\omega/2)e^{j(\omega n - \omega/2)}
\end{aligned}$$

となり，振幅は $2|\cos(\omega/2)|$ 倍され，位相は $\omega/2$ 遅れることがわかる。これは，上で求めた周波数特性と一致する。

また，(2) の差分方程式において $x(n) = e^{j\omega n}$ とすると

$$\begin{aligned}
y(n) &= e^{j\omega n} - e^{j\omega(n-1)} + e^{j\omega(n-2)} - e^{j\omega(n-3)} \\
&= (中略) \\
&= 4\cos(\omega)\sin(\omega/2)e^{j\{\omega n - (3\omega/2 - \pi/2)\}}
\end{aligned}$$

となり，振幅は $4|\cos(\omega)\sin(\omega/2)|$ 倍され，位相は $3\omega/2 - \pi/2$ 遅れることがわかる。これについても，上で求めた周波数特性と一致する。 ◇

例題 8.2 次式をインパルス応答に持つシステムの周波数特性を求めよ。

(1) $h(n) = \sum_{k=0}^{N-1} \delta(n-k)$

(2) $h(n) = \sum_{k=0}^{4N-1} \delta(n-k)\cos(\pi k/2)$

【解答】

(1) $h(n) = 1$ $(n = 0, \cdots, N-1)$ より，等比数列の和の公式を用いて，以下のように計算できる．

$$H(e^{j\omega}) = 1 + e^{-j\omega} + e^{-j2\omega} \cdots + e^{-j\omega(N-1)} = \frac{1 - e^{-j\omega N}}{1 - e^{-j\omega}}$$

$$= \frac{(e^{j\omega N/2} - e^{-j\omega N/2})e^{-j\omega N/2}}{(e^{j\omega/2} - e^{-j\omega/2})e^{-j\omega/2}} = \frac{j2\sin(\omega N/2)e^{-j\omega N/2}}{j2\sin(\omega/2)e^{-j\omega/2}}$$

$$= \frac{\sin(\omega N/2)}{\sin(\omega/2)} e^{-j\omega(N-1)/2}$$

(2) $h(n) = 1$ $(n = 0, 4, \cdots, 4N-4)$, $h(n) = -1$ $(n = 2, 6, \cdots, 4N-2)$ より，以下のように計算できる．

$$H(e^{j\omega}) = (1 + e^{-j4\omega} \cdots + e^{-j\omega(4N-4)})$$
$$+ (e^{-j2\omega} + e^{-j6\omega} \cdots + e^{-j\omega(4N-2)})$$
$$= (1 + e^{-j4\omega} \cdots + e^{-j4\omega(N-1)})(1 + e^{-j2\omega})$$
$$= \frac{1 - e^{-j4\omega N}}{1 - e^{-j4\omega}}(1 + e^{-j2\omega})$$
$$= \frac{\sin(2\omega N)}{\sin(2\omega)} e^{-j2\omega(N-1)} \cdot 2\cos(\omega)e^{-j\omega}$$
$$= \frac{\sin(2\omega N)}{2\sin(\omega)\cos(\omega)} 2\cos(\omega) e^{-j\omega(2N-1)}$$
$$= \frac{\sin(2\omega N)}{\sin(\omega)} e^{-j\omega(2N-1)}$$

◇

例題 8.3 つぎの問に答えよ．

(1) $x(n) = \cos(\omega_c n)$ において，ω_c が以下の場合の信号を求めよ．

    (a) $\omega_c = 0$ (b) $\omega_c = \pi$

(2) インパルス応答が $h(n) = \delta(n) + \delta(n-1)$ であるシステムに (1) の各信号を入力したとき，出力信号と振幅を差分方程式から求めよ．

(3) (2) のシステムの振幅特性を求め，$|\omega| < \pi$ の範囲で概形を図示せよ．また，(1) の各 ω_c での値が (2) の結果と一致していることを確認せよ．

【解答】

(1) (a) $x(n) = 1$ (直流信号) (b) $x(n) = \cos(\pi n) = (-1)^n$

(2) 差分方程式は $y(n) = x(n) + x(n-1)$ である。したがって，以下が得られる。

(a) $y(n) = 1 + 1 = 2$，振幅は 2。

(b) $y(n) = (-1)^n + (-1)^{n-1} = 0$，振幅は 0。

(3) このシステムは例題 7.1 (b) と同じなので，振幅特性は $M(\omega) = 2|\cos(\omega/2)|$ である。概形を図 **8.1** に示す。

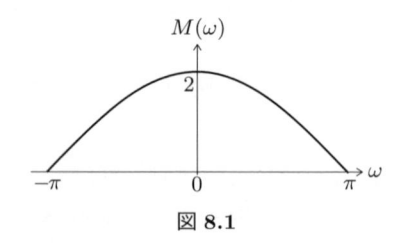

図 8.1

(a) $M(0) = 2|\cos(0)| = 2$

(b) $M(\pi) = 2|\cos(\pi/2)| = 0$

これらの結果，または図 8.1 と (2) の結果は一致する。

※ **注意** 周波数特性は，複素正弦波を入力したときの出力の振幅および位相のずれを示している。一方，この問題の入力信号は実数の正弦波である。したがって，一般に (2) と (3) の結果が一致する保証はない。ただし，**インパルス応答 $h(n)$ が実数であるシステムでは，実数の正弦波を入力した場合の振幅や位相のずれも式 (8.1) の計算結果と一致する**。これは以下の計算から確かめられる。

インパルス応答 $h(n)$ が実数であるシステムにおいて，振幅特性が $M(\omega)$，位相特性が $\phi(\omega)$ とすると

$$M(\omega)e^{j\phi(\omega)} = \sum_{k=-\infty}^{\infty} h(k)e^{-j\omega k}$$

が成り立つ。$h(n)$ が実数であることに注意して両辺の共役をとると

$$M(\omega)e^{-j\phi(\omega)} = \overline{\sum_{k=-\infty}^{\infty} h(k)e^{-j\omega k}} = \sum_{k=-\infty}^{\infty} \overline{h(k)e^{-j\omega k}} = \sum_{k=-\infty}^{\infty} h(k)e^{j\omega k}$$

となる。一方，実数の正弦波 $x(n) = \cos(\omega n)$ をこのシステムに入力すると，たたみ込みの定義より

$$y(n) = \sum_{k=-\infty}^{\infty} h(k)\cos\{\omega(n-k)\}$$

$$= \sum_{k=-\infty}^{\infty} h(k)(e^{j\omega(n-k)} + e^{-j\omega(n-k)})/2$$

$$= \frac{e^{j\omega n}}{2}\sum_{k=-\infty}^{\infty} h(k)e^{-j\omega k} + \frac{e^{-j\omega n}}{2}\sum_{k=-\infty}^{\infty} h(k)e^{j\omega k}$$

$$= M(\omega)e^{j\{\omega n + \phi(\omega)\}}/2 + M(\omega)e^{-j\{\omega n + \phi(\omega)\}}/2$$

$$= M(\omega)\cos\{\omega n + \phi(\omega)\}$$

となり，出力の振幅が $M(\omega)$ 倍，位相が $\phi(\omega)$ 進むことがわかる。　　◇

8.2　伝達関数と周波数特性

システムの伝達関数は，インパルス応答 $h(n)$ が $n<0$ で 0 であるとき（因果的であるとき），式 (5.1) より

$$H(z) = \sum_{n=0}^{\infty} h(n)z^{-n} = \sum_{n=-\infty}^{\infty} h(n)z^{-n}$$

と書ける。この式を式 (8.1) と比較すると，**周波数特性は伝達関数の z に $e^{j\omega}$ を代入することで得られる**ことがわかる。

$$H(e^{j\omega}) = H(z)|_{z=e^{j\omega}} = \sum_{n=-\infty}^{\infty} h(n)e^{-j\omega n} \tag{8.2}$$

差分方程式が既知のシステムや，インパルス応答が無限に続く IIR システムの場合，上述の関係から伝達関数を用いて周波数特性が求められる[†]。

例題 8.4　つぎの差分方程式で定義されるシステムの周波数特性を伝達関数から求めよ。

(1)　$y(n) = x(n) - 2x(n-1) + x(n-2)$

(2)　$y(n) = x(n) - ay(n-1)$ 　($|a|<1$, $a \neq 0$)

[†]　ただし，$z = e^{j\omega}$ において $H(z)$ が収束する場合に限る。

【解答】

(1) 伝達関数は $H(z) = 1 - 2z^{-1} + z^{-2}$ である。したがって，周波数特性は

$$H(e^{j\omega}) = 1 - 2e^{-j\omega} + e^{-j2\omega} = 2\{\cos(\omega) - 1\}e^{-j\omega}$$

となる。

(2) 伝達関数は $H(z) = 1/(1 + az^{-1})$ である。したがって，周波数特性は

$$H(e^{j\omega}) = \frac{1}{1 + ae^{-j\omega}} = \frac{1}{1 + a\cos(\omega) - ja\sin(\omega)}$$

$$= \frac{1}{\sqrt{1 + a^2 + 2a\cos(\omega)}} e^{j\phi(\omega)}$$

となる。ただし，$\tan\phi(\omega) = a\sin(\omega)/(1 + a\cos(\omega))$ である。

◇

例題 8.5 図 8.2 のシステムに対して，以下の (1)〜(5) を求めよ。

(1) 伝達関数

(2) 周波数特性

(3) 振幅特性とその概形（図）（$|\omega| < \pi$）

(4) $u(n)$（直流）を入力したときの出力信号の概形（図）

(5) $u(n)\cos(\omega_c n)$（$\omega_c = \pi/3$）を入力したときの出力信号の概形（図）

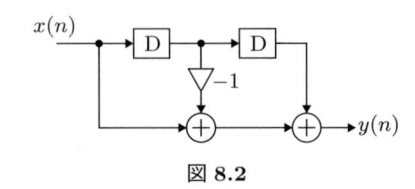

図 8.2

【解答】

(1) 差分方程式は $y(n) = x(n) - x(n-1) + x(n-2)$ である。したがって，その z 変換は $Y(z) = (1 - z^{-1} + z^{-2})X(z)$ であり，伝達関数は $H(z) = 1 - z^{-1} + z^{-2}$ と求まる。

(2) $H(e^{j\omega}) = H(z)|_{z=e^{j\omega}} = 1 - e^{-j\omega} + e^{-j2\omega} = \{(e^{j\omega} + e^{-j\omega}) - 1\}e^{-j\omega} = \{2\cos(\omega) - 1\}e^{-j\omega}$

(3) 振幅特性は $|H(e^{j\omega})| = |2\cos(\omega) - 1|$ である。その概形は図 **8.3** (a) のとおりである。

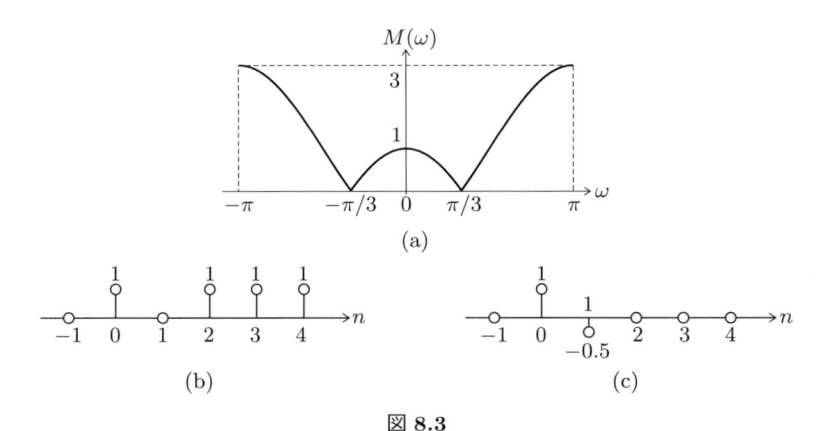

図 8.3

(4) 差分方程式に $x(n) = u(n)$ を代入すると, $y(n) = u(n) - u(n-1) + u(n-2)$ が得られる。図 8.3 (b) に概形を示す。

(5) $\omega_c = \pi/3$ より, $x(n) = u(n)\cos(\pi n/3)$ であり, 表 4.1 の z 変換表より

$$X(z) = \frac{1 - 0.5z^{-1}}{1 - z^{-1} + z^{-2}}$$

が得られる。したがって

$$Y(z) = H(z)X(z) = 1 - 0.5z^{-1}$$

であり, この逆 z 変換より $y(n) = \delta(n) - 0.5\delta(n-1)$ である。概形を図 8.3 (c) に示す。

※ **注意** 図 8.3 (a) において $\omega = 0$ で 1, $\omega = \pi/3$ で 0 である。一方 (4), (5) より $n \geqq 2$ でそれぞれ 1, 0 であり, 振幅特性と一致することがわかる。 ◇

8.3　フーリエ変換と周波数特性

離散時間システムのインパルス応答が $h(n)$ であるとき, このインパルス応答を離散時間フーリエ変換すると式 (7.1) より

$$H(e^{j\omega}) = \sum_{n=-\infty}^{\infty} h(n)e^{-j\omega n}$$

となる.これはこのシステムの周波数特性である式 (8.1) と一致する.

システムの出力信号 $y(n)$ は,入力信号 $x(n)$ とインパルス応答 $h(n)$ のたたみ込み,すなわち $y(n) = h(n) * x(n)$ によって得られる.この両辺を離散時間フーリエ変換すると,フーリエ変換の性質(時間領域たたみ込み)から次式を導ける.

$$Y(e^{j\omega}) = H(e^{j\omega})X(e^{j\omega}) \tag{8.3}$$

ここで,$Y(e^{j\omega}) = \mathcal{F}[y(n)]$,$X(e^{j\omega}) = \mathcal{F}[x(n)]$ である.この関係より,出力信号の振幅スペクトル,位相スペクトルは次式で求められることがわかる.

$$|Y(e^{j\omega})| = |H(e^{j\omega})||X(e^{j\omega})| \tag{8.4}$$
$$\angle Y(e^{j\omega}) = \angle H(e^{j\omega}) + \angle X(e^{j\omega}) \tag{8.5}$$

例題 8.6 振幅特性が図 8.4(a), (b) のようなシステムにつぎの信号を入力したとき,出力信号の振幅スペクトルを図示せよ.

$$x(n) = \delta(n) - \delta(n-1) + \delta(n-2)$$

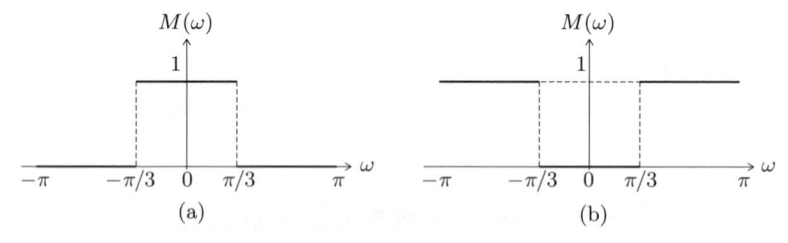

図 8.4

【解答】 入力信号の周波数スペクトルは，離散時間フーリエ変換によって

$$X(e^{j\omega}) = 1 - e^{-j\omega} + e^{-j2\omega} = \{2\cos(\omega) - 1\}e^{-j\omega}$$

である．したがって，振幅スペクトルは $|X(e^{j\omega})| = |2\cos(\omega) - 1|$ であり，その概形は図 8.3 (a) と同じである．

システムの出力信号の振幅スペクトルは，入力信号の振幅スペクトルとシステムの振幅特性の積で求められる．したがって，図 8.3 (a) と図 8.4(a), (b) の積より出力信号の振幅スペクトルは**図 8.5**(a), (b) となる． ◇

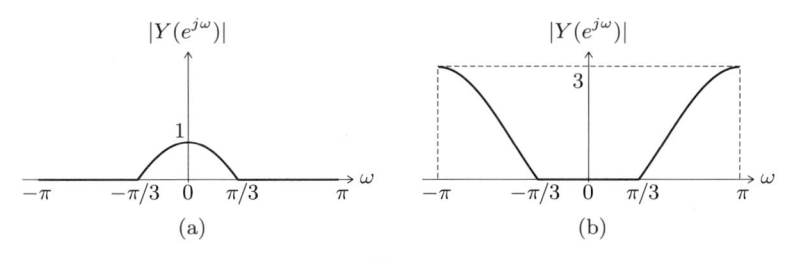

図 **8.5**

例題 8.7 振幅特性がすべての角周波数 ω で $|H(e^{j\omega})| = 1$ で，位相特性が図 **8.6** のような二つのシステムについて，つぎの問に答えよ．

(1) つぎの信号に含まれる複素正弦波の位相は，システムによってそれぞれどの程度変化するか求めよ．ただし，$\omega_c = \pi/4$ とせよ．

$$x(n) = 2\cos(\omega_c n) + 2\cos(2\omega_c n)$$

図 **8.6**

(2) (1) のように位相が変化した複素正弦波をすべて足し合わせた信号の波形は，$x(n)$ と同じになるか否かを考えよ．

【解答】
(1) $x(n)$ は

$$x(n) = e^{j\omega_c n} + e^{-j\omega_c n} + e^{j2\omega_c n} + e^{-j2\omega_c n}$$

と書け，角周波数が $\omega_c, -\omega_c, 2\omega_c, -2\omega_c$ である四つの複素正弦波を含んでいる．

図 8.6 (a) のシステムの位相特性は $\phi(\omega) = -3\omega$ である．よって，$e^{j\omega_c n}$ の位相は $\phi(\omega_c) = -3\pi/4$ だけ進み ($3\pi/4$ 遅れ)，$e^{-j\omega_c n}$ の位相は $\phi(-\omega_c) = 3\pi/4$ だけ進み，$e^{j2\omega_c n}$ の位相は $\phi(2\omega_c) = -3\pi/2$ だけ進み ($3\pi/2$ 遅れ)，$e^{-j2\omega_c n}$ の位相は $\phi(-2\omega_c) = 3\pi/2$ だけ進む．

一方，図 8.6 (b) のシステムは $\omega < 0$ のとき $\phi(\omega) = \pi/2$，$\omega > 0$ のとき $\phi(\omega) = -\pi/2$ である．よって，$e^{j\omega_c n}$ と $e^{j2\omega_c n}$ の位相は $-\pi/2$ だけ進み ($\pi/2$ 遅れ)，$e^{-j\omega_c n}$ と $e^{-j2\omega_c n}$ の位相は $\pi/2$ だけ進む．

(2) 図 8.6 (a) のシステムの場合

$$e^{j\omega_c n} \rightarrow e^{j(\omega_c n - 3\omega_c)} = e^{j\omega_c(n-3)}$$

$$e^{-j\omega_c n} \rightarrow e^{j(-\omega_c n + 3\omega_c)} = e^{-j\omega_c(n-3)}$$

$$e^{j2\omega_c n} \rightarrow e^{j(2\omega_c n - 6\omega_c)} = e^{j2\omega_c(n-3)}$$

$$e^{-j2\omega_c n} \rightarrow e^{j(-2\omega_c n + 6\omega_c)} = e^{-j2\omega_c(n-3)}$$

より，これらすべてを足し合わせた信号 $x'(n)$ は，以下となる．

$$x'(n) = 2\cos\{\omega_c(n-3)\} + 2\cos\{2\omega_c(n-3)\}$$

この信号は**図 8.7** (a) に示すように，$x(n)$ を右に 3 だけ平行移動した信号であり，$x(n)$ と同じ波形である．

一方，図 8.6 (b) のシステムの場合

$$e^{j\omega_c n} \rightarrow e^{j(\omega_c n - \pi/2)}$$

$$e^{-j\omega_c n} \rightarrow e^{-j(\omega_c n - \pi/2)}$$

$$e^{j2\omega_c n} \rightarrow e^{j(2\omega_c n - \pi/2)}$$

$$e^{-j2\omega_c n} \rightarrow e^{-j(2\omega_c n - \pi/2)}$$

8.3 フーリエ変換と周波数特性

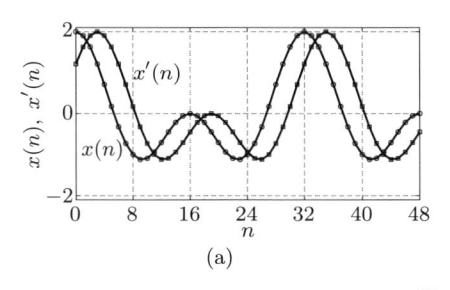

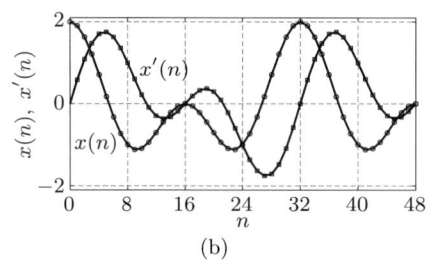

図 **8.7**

より，これらすべてを足し合わせた信号 $x'(n)$ は，以下となる。

$$x'(n) = 2\cos(\omega_c n - \pi/2) + 2\cos(2\omega_c n - \pi/2)$$
$$= 2\sin(\omega_c n) + 2\sin(2\omega_c n)$$

この信号は図 8.7 (b) に示すように，$x(n)$ とは異なる波形である。

※ **注意** 図 8.6 (a) の位相特性を**直線位相特性**という。直線位相特性を持つシステムは，信号の周波数が高いほど位相ずれが大きく，例のとおり，入力した信号と同じ波形の出力信号が得られる。

位相特性 $\phi(\omega)$ の ω による微分に -1 をかけた値を**群遅延特性**という。例の場合，群遅延特性は $\phi(\omega) = -3\omega$ より

$$-\frac{d\phi(\omega)}{d\omega} = 3$$

である。直線位相特性を持つシステムの群遅延特性は，ω によらない定数となる。

直線位相特性を持つフィルタを，**直線位相フィルタ**という。フィルタの目的としては，不要な周波数成分を遮断できればよい（信号の位相については不問である）場合もあるが，信号波形の変化が許されない場合は直線位相フィルタが必要とされる。

※ **注意** 図 8.6 (b) の位相特性を持つシステムを**ヒルベルト変換器**という。ヒルベルト変換器は実信号から**解析信号**を生成するために利用される。例の場合，元の信号を実部，ヒルベルト変換器の出力を虚部とすると

$$x(n) + jx'(n) = e^{j\omega_c n} + e^{j2\omega_c n}$$

のような信号が生成できる。これを解析信号という[†]。 ◇

[†] 解析信号とは，1 章のコーヒーブレイクで説明した複素世界の信号に相当する。ヒルベルト変換器は，（複素世界の信号の影である）実数世界の信号から，元の複素世界の信号（実体）を再現することに利用できる。

8.4 ディジタルフィルタ

本節では，離散時間システムの応用であるディジタルフィルタについて述べる。また低域通過フィルタの簡単な設計法について解説する。

8.4.1 ディジタルフィルタの分類

与えられた離散時間信号から不要な周波数成分を除去し，必要な周波数成分のみを抽出する離散時間システムを，**ディジタルフィルタ**という。ディジタルフィルタにおいて信号を通す周波数帯域を**通過域**（pass band），信号を遮断する周波数帯域を**阻止域**（stop band）という。通過域と阻止域の配置によって，ディジタルフィルタは以下の四つに分類される。

- 低域通過フィルタ（low pass filter; **LPF**）
- 高域通過フィルタ（high pass filter; **HPF**）
- 帯域通過フィルタ（band pass filter; **BPF**）
- 帯域阻止フィルタ（band stop filter; **BSF**）

各フィルタの振幅特性を図 **8.8** に示す。ここに示す振幅特性は各フィルタの理

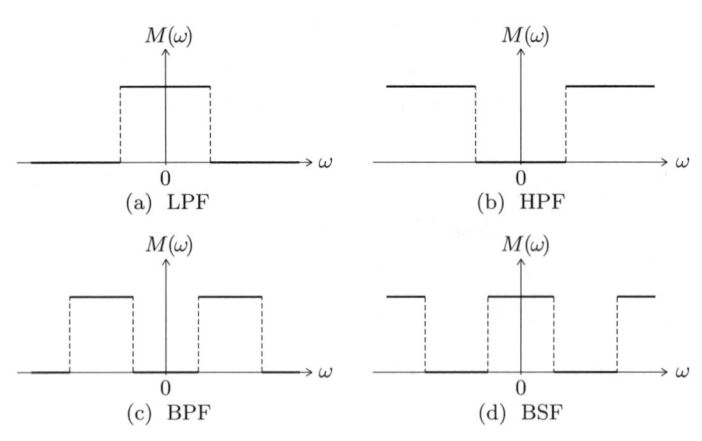

図 **8.8** さまざまなフィルタの振幅特性

想的な特性であり，実際にこのような特性のフィルタを実現することは難しい。

図 8.9 に低域通過フィルタの実際の特性を示す。図からわかるように，実際のフィルタでは，通過域は一定の振幅特性にはならない。また，阻止域では完全に 0 にはならない。通過域と阻止域の間を**過渡域**という。

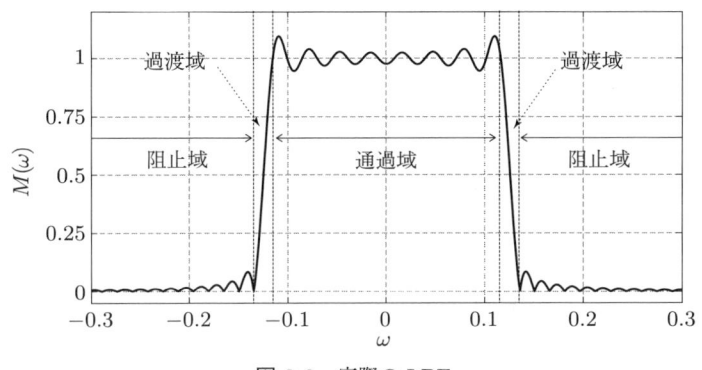

図 8.9 実際の LPF

ディジタルフィルタは FIR システムで実現する **FIR フィルタ**と，IIR システムで実現する **IIR フィルタ**に分類できる。それぞれのフィルタには**表 8.1** のような特徴がある。FIR システムはつねに安定であるため，FIR システムによるフィルタはつねに安定である。一方，IIR システムは安定になる条件を満たさない場合があるため，IIR システムによるフィルタの設計には注意が必要である。また，FIR フィルタは直線位相特性を完全に実現できるが，IIR フィルタはこれが困難である。ただし，IIR フィルタは少ないタップ数でフィルタを実現できるのに対し，FIR フィルタは一般的に多くのタップが必要となり，計算量が多くなるという問題がある。

表 8.1 FIR フィルタと IIR フィルタの特徴

	FIR フィルタ	IIR フィルタ
安定性	つねに安定	注意が必要
直線位相特性	実現可能	実現が困難
タップ数	多い	少ない

8.4.2 低域通過フィルタ

インパルス応答のフーリエ変換は，システムの周波数特性に一致する．逆に，ある周波数特性を逆フーリエ変換すると，その周波数特性に対応するインパルス応答を求めることができる．所望の周波数特性を持つフィルタを設計することを**ディジタルフィルタ設計**という．以下では低域通過フィルタ（LPF）を設計する．

例題 8.8 LPF を設計するために，以下の問に答えよ．

(1) 以下の周波数特性からインパルス応答を求めよ．ただし，K は正の整数で，$0 < \omega_c < \pi$ とせよ．

$$H(e^{j\omega}) = \begin{cases} e^{-j\omega K} & (|\omega| \leq \omega_c) \\ 0 & (|\omega| > \omega_c) \end{cases}$$

(2) $\omega_c = \pi/4$, $K = 2$ とし，$n = 0$ から 4 までの $h(n)$ を具体的に求めよ．

(3) 以下のインパルス応答を持つシステムを図示せよ．また，周波数特性を求めよ．

$$h'(n) = \begin{cases} h(n) & (0 \leq n \leq 2K) \\ 0 & (n < 0 \text{ または } n > 2K) \end{cases}$$

【解答】

(1) 周波数特性を逆フーリエ変換する．

$$h(n) = \frac{1}{2\pi} \int_{-\pi}^{\pi} H(e^{j\omega}) e^{j\omega n} d\omega = \frac{1}{2\pi} \int_{-\omega_c}^{\omega_c} e^{j\omega(n-K)} d\omega$$

ここで $n = K$ のとき

$$h(K) = \frac{1}{2\pi} \int_{-\omega_c}^{\omega_c} 1 d\omega = \frac{1}{2\pi} \{\omega_c - (-\omega_c)\} = \frac{\omega_c}{\pi}$$

であり，$n \neq K$ のとき

$$h(n) = \frac{1}{2\pi} \int_{-\omega_c}^{\omega_c} e^{j\omega(n-K)} d\omega = \frac{1}{2\pi} \left[\frac{e^{j\omega(n-K)}}{j(n-K)} \right]_{-\omega_c}^{\omega_c}$$

$$= \frac{1}{2\pi}\frac{1}{j(n-K)}(e^{j\omega_c(n-K)} - e^{-j\omega_c(n-K)})$$

$$= \frac{1}{2\pi}\frac{j2\sin\{\omega_c(n-K)\}}{j(n-K)} = \frac{\omega_c}{\pi}\frac{\sin\{\omega_c(n-K)\}}{\omega_c(n-K)}$$

である．いま，**sinc 関数**を

$$\mathrm{sinc}\,x = \begin{cases} 1 & (x=0) \\ \dfrac{\sin x}{x} & (x \neq 0) \end{cases}$$

のように定義すると

$$h(n) = \frac{\omega_c}{\pi}\mathrm{sinc}\{\omega_c(n-K)\}$$

となる．

(2) (1) に $\omega_c = \pi/4$, $K=2$ を代入すると

$$h(n) = \frac{1}{4}\mathrm{sinc}\{\pi(n-2)/4\}$$

であるから

$$h(0) = \frac{1}{4}\frac{\sin(-\pi/2)}{-\pi/2} = \frac{1}{2\pi}$$

$$h(1) = \frac{1}{4}\frac{\sin(-\pi/4)}{-\pi/4} = \frac{1}{\sqrt{2}\pi}$$

$$h(2) = \frac{1}{4}$$

$$h(3) = \frac{1}{4}\frac{\sin(\pi/4)}{\pi/4} = \frac{1}{\sqrt{2}\pi}$$

$$h(4) = \frac{1}{4}\frac{\sin(\pi/2)}{\pi/2} = \frac{1}{2\pi}$$

が得られる．

(3) システムを図 **8.10** に示す．周波数特性は以下のように計算できる．

$$H'(e^{j\omega}) = \sum_{n=-\infty}^{\infty} h'(n)e^{-j\omega n}$$

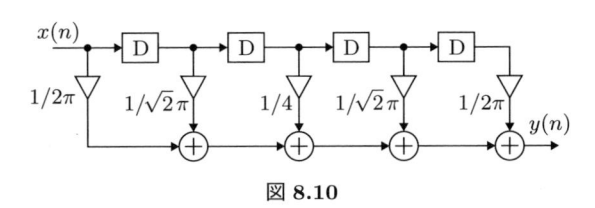

図 8.10

$$= \frac{1}{2\pi} + \frac{1}{\sqrt{2\pi}}e^{-j\omega} + \frac{1}{4}e^{-j2\omega} + \frac{1}{\sqrt{2\pi}}e^{-j3\omega} + \frac{1}{2\pi}e^{-j4\omega}$$

$$= \frac{1}{2\pi}(1 + e^{-j4\omega}) + \frac{1}{\sqrt{2\pi}}(e^{-j\omega} + e^{-j3\omega}) + \frac{1}{4}e^{-j2\omega}$$

$$= \left\{\frac{1}{\pi}\cos(2\omega) + \frac{\sqrt{2}}{\pi}\cos(\omega) + \frac{1}{4}\right\}e^{-j2\omega}$$

※ **注意** (3) で求めた $H'(e^{j\omega})$ の振幅特性を具体的に計算すると,**図 8.11**(太実線)のようになる。(3) で求めた振幅特性は (1) の理想的な LPF の振幅特性(太破線)とは大きく異なるが,おおよそ低い周波数が通りやすく,高い周波数は通りにくいことがわかる。

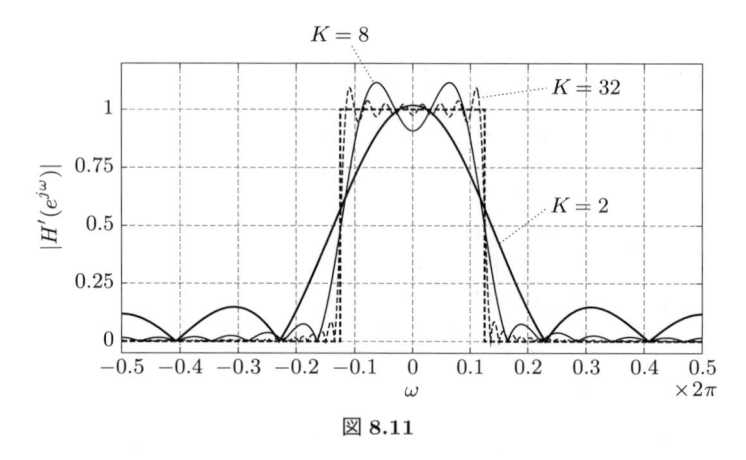

図 8.11

細実線は $K = 8$,細破線は $K = 32$ の場合の $H'(e^{j\omega})$ の振幅特性である。K を大きくしていくと,振幅特性は理想 LPF に近くなるが,システムを構成するタップ(係数乗算器)は $2K + 1$ であるので,システムのサイズが大きくなるという問題がある。 ◇

コーヒーブレイク

共鳴と振幅特性

　440 Hz の音叉を二つ並べ，一方をたたいて鳴らすと他方の音叉も鳴り出す。共鳴という現象である。439 Hz の音叉を鳴らしても 440 Hz の音叉は鳴らない。なぜだろう。4 章のコーヒーブレイクで説明したように，物をたたくことはインパルス信号を入力することに相当する。システムにインパルス信号を入力したとき，その出力はインパルス応答である。したがって，音叉をたたいたときに鳴る音はインパルス応答であり，人はこれを聴いていることになる。

　物をある周波数で揺さぶると，同じ周波数で震える。ただし，その震えの強さは周波数によって大きく変わる。ある周波数で揺さぶると震えるのに，別の周波数だとまったく震えないということがある。それぞれの周波数に対してどの程度震えるかを図にしたものが振幅特性である。

　振幅特性を調べるには，周波数をいろいろ変えて物を揺さぶり，それぞれに対してどの程度震えるかを測定すればよいが，これはとても骨の折れる仕事である。そこで，その物をたたいてみる。たたくとインパルス信号を入力したことになる。インパルス信号にはあらゆる周波数の正弦波が含まれているので，そのとき得られる出力信号，すなわちインパルス応答に含まれる各周波数の正弦波の強さを調べれば，1 回ですべての周波数に対する震えの度合いを求めることができる。インパルス応答に含まれる各周波数の正弦波の強さを調べるには，フーリエ変換を用いればよい。

　さて，440 Hz の音叉をたたくと，ほぼ純粋な 440 Hz の周波数の音が鳴る。つまり，インパルス応答に含まれる正弦波は，フーリエ変換するまでもなく 440 Hz のみである。図にすると，**図 1** のような振幅特性となる。振幅特性によると，439 Hz の音叉を鳴らして空気を震わせ，その振動で 440 Hz の音叉を揺さぶってもまったく震えない。なぜなら 439 Hz の振幅特性は 0 だからである。一方，440 Hz の空気の振動で 440 Hz の音叉を揺さぶれば，ある強さで震える。つまり鳴り出すのである。これは 440 Hz の振幅特性が 0 でないからである。

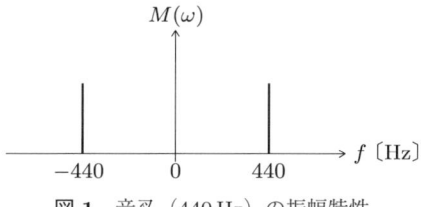

図 1　音叉（440 Hz）の振幅特性

章 末 問 題

【1】 次式のインパルス応答を持つシステムの周波数特性を求め，振幅特性を $|\omega| < \pi$ の範囲で図示せよ。
(a) $h(n) = \{\delta(n) + \delta(n-1) + \delta(n-2)\}/3$
(b) $h(n) = \delta(n) - \delta(n-2)$

【2】 例題 8.4 の各システムに $x(n) = u(n)\cos(\omega_c n)$ の信号を入力したときの出力信号の振幅を振幅特性から求めよ。ただし $\omega_c = \pi/2$，$a = 3/4$ とせよ。

【3】 つぎの差分方程式で定義されるシステムの振幅特性を伝達関数から求めよ。また，$x(n) = (-1)^n u(n)$ を入力したときの出力信号の振幅を振幅特性から求めよ。
(1) $y(n) = x(n) + 3x(n-1) + 3x(n-2) + x(n-3)$
(2) $y(n) = x(n) + 2x(n-1) + x(n-2) + y(n-1) - 0.25y(n-2)$

【4】 図 3.3 (d) のシステムについて，伝達関数および振幅特性を求めよ。また，$x(n) = u(n)\cos(\omega_c n)$ の信号を入力したときの出力信号の振幅を振幅特性から求めよ。さらに，実際にこの信号を入力した場合の出力信号を求め，振幅特性と一致することを確認せよ。ただし，$\omega_c = \pi/3$ とし，4 章の章末問題【1】(7) の結果を用いてよい。

【5】 次式の伝達関数を持つシステムの振幅特性を求めよ。ただし $|a| < 1$ とせよ。
$$H(z) = \frac{a + z^{-1}}{1 + az^{-1}}$$

【6】 次式の伝達関数を持つシステムが直線位相特性を持つことを示せ。
$$H(z) = a + bz^{-1} + cz^{-2} + bz^{-3} + az^{-4}$$

引用・参考文献

1) 岩田　彰 編著，北村　正，横田康成：ディジタル信号処理，コロナ社（1995）
2) 貴家仁志：ディジタル信号処理のエッセンス，昭晃堂（2007）
3) 金城繁徳，尾知　博：例題で学ぶディジタル信号処理，コロナ社（1997）
4) 小畑秀文，幹　康：Windows 版 — CAI ディジタル信号処理，コロナ社（1991）
5) 樋口龍雄，川又政征：MATLAB 対応 — ディジタル信号処理，昭晃堂（2000）
6) 瀬谷啓介：DSP プログラミング入門 — ディジタル信号処理のキーデバイス，日刊工業新聞（1996）

章末問題略解

1章

【1】 (1) $\pi/6$ 〔rad〕 (2) $\pi/4$ 〔rad〕 (3) $2\pi/3$ 〔rad〕 (4) π 〔rad〕
(5) 1 〔rad〕

【2】 振幅 3，角周波数 5π 〔rad/s〕，初期位相 $-\pi/3$ 〔rad〕，周期 0.4 〔s〕，周波数 2.5 〔Hz〕

【3】 (1) $2e^{j\pi/6}$ (2) $2\sqrt{2}e^{-j\pi/4}$ (3) $2e^{-j2\pi/3}$ (4) $e^{j\pi/2}$ (5) $e^{j\pi}$
(6) $2e^{j2\pi/3}$ (7) $2e^{j\pi/6} \cdot 2\sqrt{2}e^{-j\pi/4} = 4\sqrt{2}e^{-j\pi/12}$ (8) $e^{j\pi} \cdot 2e^{j\pi/6} \cdot 2e^{j\pi/3} = 4e^{-j\pi/2}$ (9) $2e^{j\pi/6}/2\sqrt{2}e^{-j\pi/4} = e^{j5\pi/12}/\sqrt{2}$ (10) $2\sqrt{2}e^{j\pi/4}$
(11) $2^{-7}e^{-j14\pi/3} = 2^{-7}e^{-j12\pi/3}e^{-j2\pi/3} = e^{-j2\pi/3}/128$ (12) $2^5 e^{j10\pi/3}$ $= 2^5 e^{j12\pi/3}e^{-j2\pi/3} = 32e^{-j2\pi/3}$

【4】 (ヒント) (1) $e^{j(A+B)} = e^{jA}e^{jB} = (\cos A + j\sin A)(\cos B + j\sin B)$ の両辺の実部を比較する。
(ヒント) (2) $(e^{jA})^n = e^{jnA}$
(ヒント) (3) (2)において $n=3$ とする。

【5】 (1) $1/(1-0.5) = 2$ (2) $j\sqrt{3}$

【6】 $\boldsymbol{x} = (5\boldsymbol{e}_0 + \boldsymbol{e}_1 + 3\boldsymbol{e}_2 - 5\boldsymbol{e}_3)/4$

2章

【1】 (a) $x_1(n) = \delta(n) - 2\delta(n-2)$
(b) $x_2(n) = \delta(n+2) + 2\delta(n+1) + \delta(n-1) - \delta(n-2)$

【2】 解図 **2.1** を参照。

【3】 解図 **2.2** を参照。
(a) $x_1(n) = \sum_{k=-\infty}^{0} \delta(n-k)$ (b) $x_2(n) = 1 + \delta(n) + \delta(n-1)$
(c) $x_3(n) = \sum_{k=0}^{\infty} k\delta(n-k)$ (d) $x_4(n) = x_3(n)$
(e) $x_5(n) = \sum_{k=0}^{\infty} 2^{-k}\delta(n-k)$ (f) $x_6(n) = \sum_{k=0}^{\infty} (-1)^k \delta(n-k)$

章 末 問 題 略 解   149

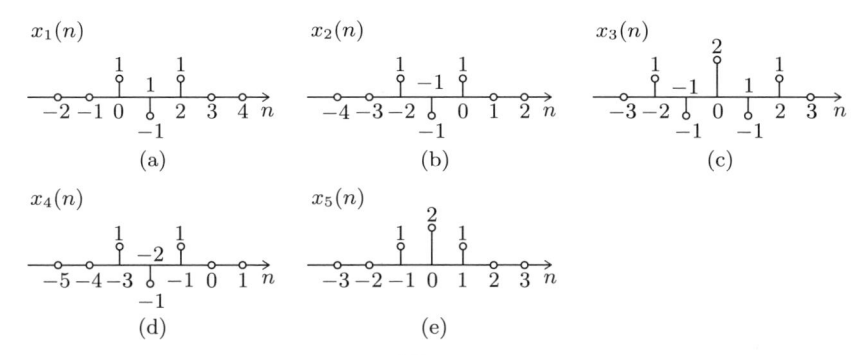

解図 2.1

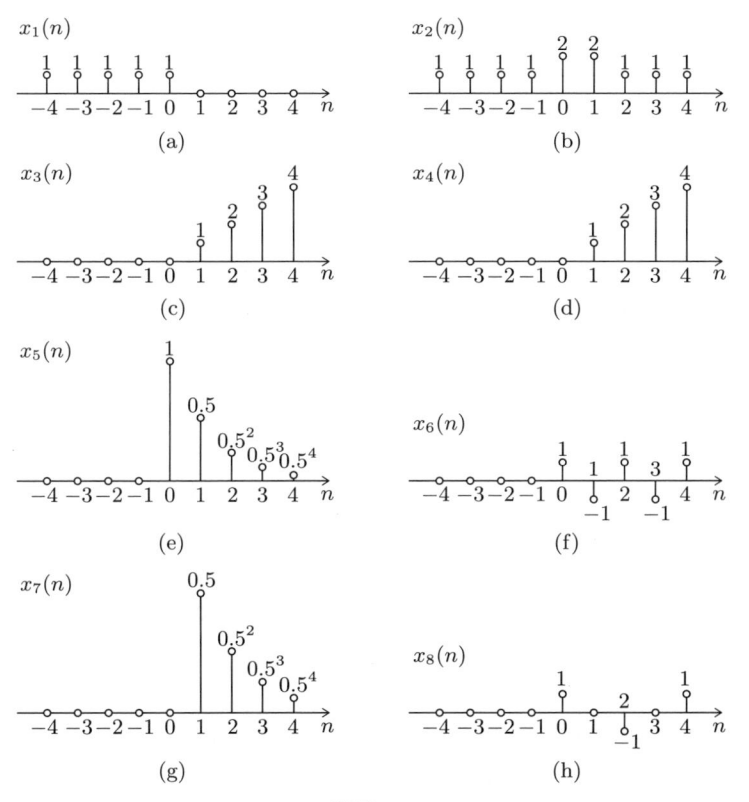

解図 2.2

(g) $x_7(n) = \sum_{k=1}^{\infty} 0.5^k \delta(n-k)$

(h) $x_8(n) = \sum_{k=0}^{\infty} \{\delta(n-4k) - \delta(n-4k-2)\}$

【4】 (a) $y(n) = -x(n) + 2x(n-1)$ (b) $y(n) = 3x(n) - x(n-1) + x(n-2)$

(c) $y(n) = 2x(n) - x(n-1) - 3x(n-2)$

(d) $y(n) = x(n) + 2y(n-1) + y(n-2)$

(e) $x'(n) = x(n) + 2x'(n-1),\ y(n) = x'(n) + x'(n-1)$

(f) $x'(n) = x(n) + b_1 x'(n-1) + b_2 x'(n-2),\ y(n) = a_0 x'(n) + a_1 x'(n-1) + a_2 x'(n-2)$

【5】 解図 2.3 を参照。(f) は $y(n-1) = x(n-1) - y(n)$ と変形してから考える。

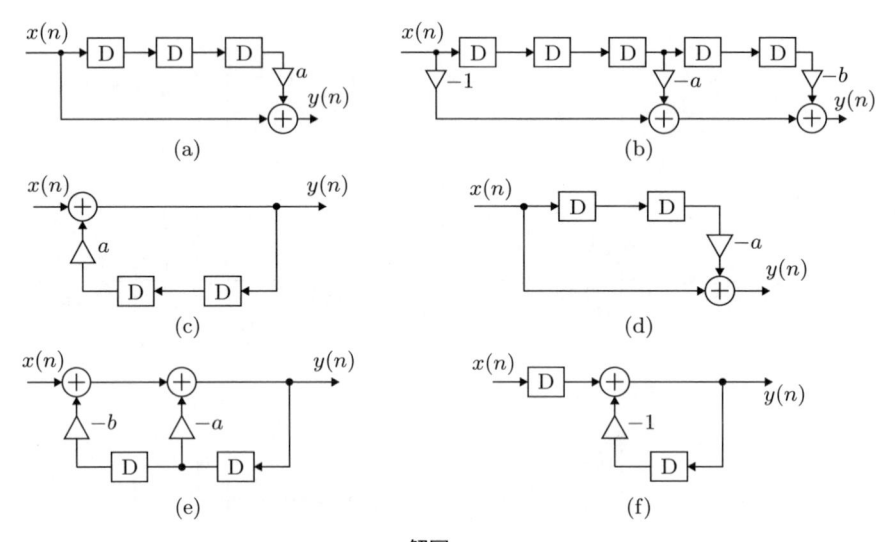

解図 2.3

【6】 $y(n) = \sum_{k=0}^{\infty} 0.5^n x(n-k)$ または $y(n) = x(n) + 0.5 y(n-1)$

3 章

【1】 (a) $h(n) = -\delta(n) + 2\delta(n-1)$ (b) $h(n) = 3\delta(n) - \delta(n-1) + \delta(n-2)$

(c) $h(n) = 2\delta(n) - \delta(n-1) - 3\delta(n-2)$

(d) $h(0) = 1,\ h(1) = 2,\ h(2) = 5,\ h(3) = 12$

(e) $x'(0) = 1$, $x'(1) = 2$, $x'(2) = 4$, $x'(3) = 8$ より, $h(0) = 1$, $h(1) = 3$, $h(2) = 6$, $h(3) = 12$

【2】(1) $x'(n) = x(n) + 0.5x'(n-1)$, $y(n) = ax'(n) + bx'(n-1)$
(2) $x'(0) = 1$, $x'(1) = 0.5$, $x'(2) = 0.5^2$, $x'(3) = 0.5^3$ より, $h(0) = a$, $h(1) = 0.5a + b$, $h(2) = 0.5(0.5a + b)$, $h(3) = 0.5^2(0.5a + b)$
(3) $h(0) = 1$, $h(1) = h(2) = h(3) = \cdots = 0$ すなわち $0.5a + b = 0$ より $a = 1$, $b = -0.5$

【3】(1) 線形性：○, 時不変性：○   (2) 線形性：×, 時不変性：○
(3) 線形性：○, 時不変性：×

【4】それぞれのたたみ込みの計算結果を $y(n)$ とすると
(1) $y(0) = 0$, $y(1) = 1$, $y(2) = 0$, $y(3) = -0.5$, $y(4) = 0.5$, $y(5) = 0$
(2) $y(0) = 1$, $y(1) = -0.5$, $y(2) = 0.5^2$, $y(3) = 0.5^3$, $y(4) = 0.5^4$, $y(5) = 0.5^5$
(3) $y(0) = 0$, $y(1) = 1$, $y(2) = 1.5$, $y(3) = 1.5 \cdot 0.5^1$, $y(4) = 1.5 \cdot 0.5^2$, $y(5) = 1.5 \cdot 0.5^3$

【5】(a) $y(n) = -\delta(n) + 4\delta(n-1) - 7\delta(n-2) + 6\delta(n-3)$
(b) $y(n) = 3\delta(n) - 7\delta(n-1) + 12\delta(n-2) - 5\delta(n-3) + 3\delta(n-4)$
(c) $y(n) = 2\delta(n) - 5\delta(n-1) + 5\delta(n-2) + 3\delta(n-3) - 9\delta(n-4)$

【6】左辺において $m = n-k$ とすると $k = n-m$ であり, $k = -\infty$ から $+\infty$ の総和は, $m = \infty$ から $-\infty$ の総和に等しい. よって, 左辺 $= \displaystyle\sum_{m=-\infty}^{\infty} x(n-m)h(m) = \displaystyle\sum_{k=-\infty}^{\infty} x(n-k)h(k) =$ 右辺となる.

4章

【1】(1) $X_1(z) = 1 + z^{-3} + z^{-6}$ (2) $X_2(z) = 1 + z^{-1} + z^{-2} + z^{-3}$
(3) $X_3(z) = 1 + z^{-1} + z^{-2} + 2z^{-3} + z^{-4} + z^{-5} + 2z^{-6} + z^{-7} + z^{-8} + z^{-9}$
(4) $X_4(z) = a^{-2}/(1 - az^{-1})$ (5) $X_5(z) = a^2 z^{-2}/(1 - az^{-1})$
(6) $X_6(z) = 2\{\cos(\omega) - z^{-1}\}z^{-1}/\{1 - 2\cos(\omega)z^{-1} + z^{-2}\}$
(7) $X_7(z) = \{\cos(\omega) - \cos(2\omega)z^{-1}\}/\{1 - 2\cos(\omega)z^{-1} + z^{-2}\}$
(8) $X_8(z) = 1/(1 - z^{-1})^2$ (9) $X_9(z) = 1/(1 - z^{-1})^3$

【2】(1) $x_1(n) = \delta(n) + 2\delta(n-1) + 3\delta(n-2)$
(2) $x_2(n) = \delta(n) + 2\delta(n-1) + 3\delta(n-2) + 2\delta(n-3) + \delta(n-4)$
(3) $x_3(n) = \delta(n) + 2\delta(n-1) + (1/3)^n u(n)$

(4) $x_4(n) = u(n) - u(n-3)$ または $x_4(n) = \delta(n) + \delta(n-1) + \delta(n-2)$
(5) $x_5(n) = (0.5^{n+2} - 0.5 \cdot 0.25^{n+1})u(n)$
(6) $x_6(n) = 0.25\{0.5^n - (-0.5)^n\}u(n)$
(7) $x_7(n) = u(n) + u(n-1)$ (8) $x_8(n) = 2u(n)\sin(\pi n/4)$

5章

【1】(1) $H(z) = 1 + z^{-1} + z^{-2}$ (2) $H(z) = \sum_{k=0}^{3} 0.5^k z^{-k}$
(3) $H(z) = 1/(1 - z^{-1})^2$ (4) $H(z) = (\sqrt{3}/2)z^{-1}/(1 - z^{-1} + z^{-2})$

【2】(1) $H(z) = 1 - z^{-3}$, $h(n) = \delta(n) - \delta(n-3)$
(2) $H(z) = 2z^{-1}/(1 - z^{-2}/2)$, $h(n) = \sqrt{2}\{(1/\sqrt{2})^n - (-1/\sqrt{2})^n\}u(n)$
(3) $H(z) = \sum_{k=0}^{3} 0.5^k z^{-k}$, $h(n) = \sum_{k=0}^{3} 0.5^k \delta(n-k)$
(4) $H(z) = (1 + z^{-3})/(1 - 0.25z^{-2})$, $h(n) = -4\delta(n-1) + 0.5\{9 \cdot 0.5^n - 7(-0.5)^n\}u(n)$

【3】解図 **5.1** を参照。(a) $y(n) = x(n) + x(n-1)/3 + x(n-2)/9$
(b) $y(n) = (a_0 + a_3)\{x(n) + x(n-3)\} + (a_1 + a_2)\{x(n-1) + x(n-2)\}$
(c) $y(n) = x(n) + 2x(n-1) + 3y(n-1) - 2y(n-2)$
(d) $y(n) = 2x(n) - x(n-2) + y(n-2)$

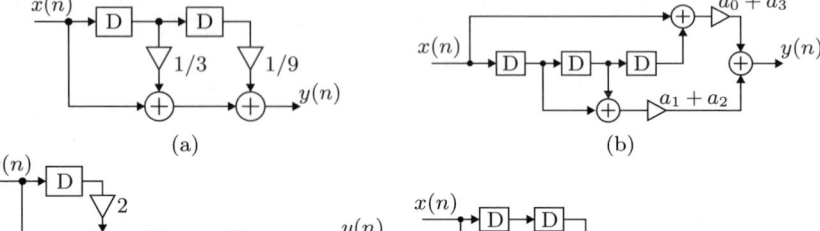

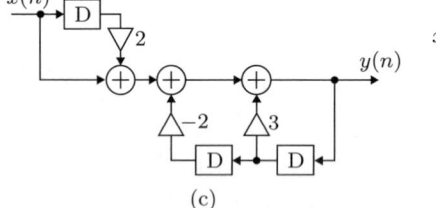

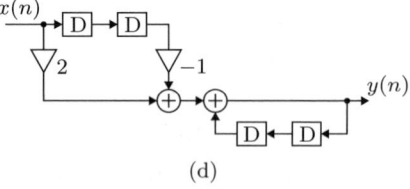

解図 **5.1**

【4】(a) $H(z) = 0.1 + 0.5z^{-1} + z^{-2} + 0.5z^{-3} + 0.1z^{-4}$
(b) $H(z) = k(1 + a_1 z^{-1})/\{(1 + b_1 z^{-1} + b_2 z^{-2})z^{-1}\}$

【5】解図 **5.2** を参照。

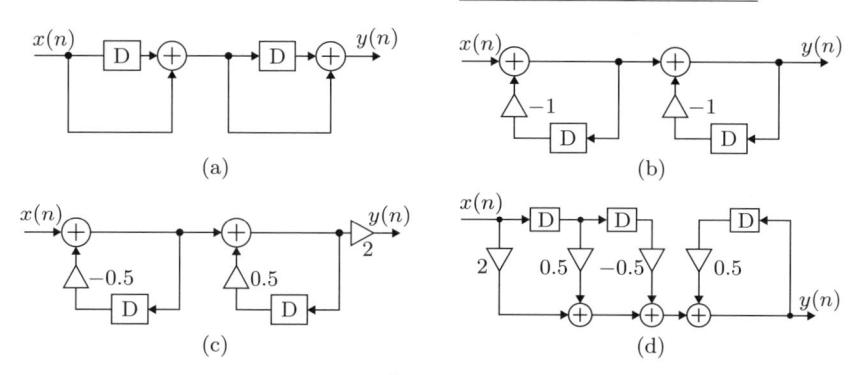

解図 5.2

【6】 (1) $y(n) = \delta(n) - 2\delta(n-1) - \delta(n-3) + 2\delta(n-4)$
(2) $y(n) = (-1/\sqrt{2})^{n-3} u(n-1)$ (3) $y(n) = \delta(n) + 0.25\delta(n-2)$
(4) $y(n) = 2\delta(n) - (-0.5)^n u(n)$

【7】 $y(n) = u(n)\{\cos(\pi n/6) + \sqrt{3}\sin(\pi n/6)\}/2$ より，システムを $u(n)\cos(\pi n/6)$ と $u(n)\sin(\pi n/6)$ に分けて考える。表 4.1 より $u(n)\cos(\pi n/6)$ をインパルス応答に持つシステムの伝達関数は $H_1(z) = (1 - \sqrt{3}z^{-1}/2)/(1 - \sqrt{3}z^{-1} + z^{-2})$，$u(n)\sin(\pi n/6)$ をインパルス応答に持つシステムの伝達関数は $H_2(z) = (z^{-1}/2)/(1 - \sqrt{3}z^{-1} + z^{-2})$ である。よって，システム全体の伝達関数は $(H_1(z) + \sqrt{3}H_2(z))/2 = 0.5/(1 - \sqrt{3}z^{-1} + z^{-2})$ となり，差分方程式は $y(n) = x(n)/2 + \sqrt{3}y(n-1) - y(n-2)$ となる。これを図示すると**解図 5.3** となる。

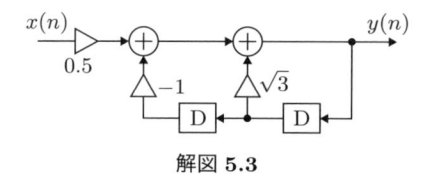

解図 5.3

6 章

【1】 $x(n) = \{(2+j)e_0(n) + e_1(n) + (2-j)e_2(n) - e_3(n)\}/4$

【2】 $X(3) = -jN/2$, $X(N-3) = jN/2$, $X(k) = 0$ $(k \neq 3, N-3)$

7 章

【1】 解図 **7.1** を参照。 (a) $X(e^{j\omega}) = \{2\cos(\omega) + 1\}e^{-j\omega}$, $M(\omega) = |2\cos(\omega) + 1|$
(b) $X(e^{j\omega}) = 2\{\cos(\omega) + 1\}e^{-j\omega}$, $M(\omega) = 2|\cos(\omega) + 1|$

154　　章 末 問 題 略 解

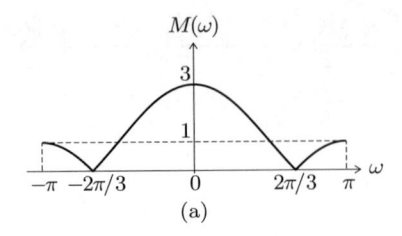

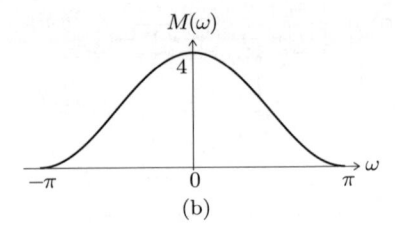

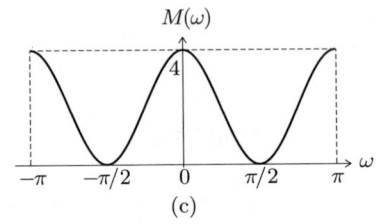

解図 **7.1**

(c) $X(e^{j\omega}) = 2\{\cos(2\omega) + 1\}e^{-j2\omega}$, $M(\omega) = 2|\cos(2\omega) + 1|$

【**2**】 (1) $X(e^{j\omega}) = -4\sin(\omega)\sin(\omega/2)e^{-j3\omega/2}$

(2) $X(e^{j\omega}) = \dfrac{1}{2}\left\{\dfrac{\sin(4\omega_1)}{\sin(\omega_1/2)}e^{-j7\omega_1/2} + \dfrac{\sin(4\omega_2)}{\sin(\omega_2/2)}e^{-j7\omega_2/2}\right\}$, ただし $\omega_1 = \omega - \omega_c$, $\omega_2 = \omega + \omega_c$ である。

【**3**】 解図 **7.2** を参照。

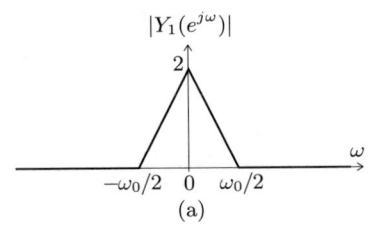

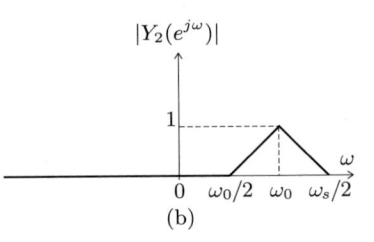

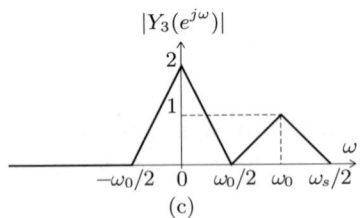

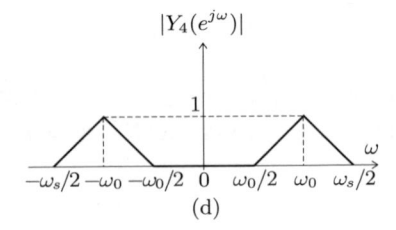

解図 **7.2**

【4】 各受光素子の間隔は $1/f_s$ である。n 番目の受光素子が受ける光の量は $x = n/f_s$ であることから,$c(n/f_s) = \cos(2\pi f_c n/f_s) + 1 = \cos(7\pi n/4) + 1$ となる。**解図 7.3** に $c(n/f_s)$ を示す。横軸は受光素子の番号,縦軸は入射光の強さである。また,実線が実際に入射した光,○ がサンプリング値である。入射光の縞の間隔の半分が受光素子の間隔よりも短いため,サンプリング後の縞は正しい縞を再現できない。

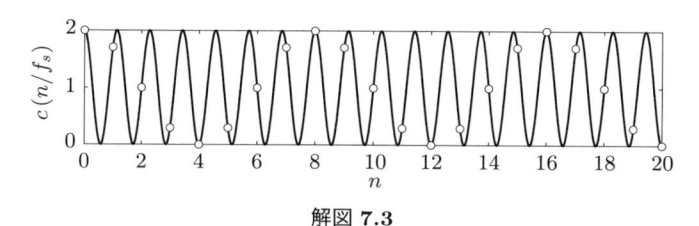

解図 7.3

8 章

【1】 解図 8.1 を参照。
 (a) $H(e^{j\omega}) = \{2\cos(\omega) + 1\}e^{-j\omega}/3$, $M(\omega) = |2\cos(\omega) + 1|/3$
 (b) $H(e^{j\omega}) = 2\sin(\omega)e^{-j(\omega-\pi/2)}$, $M(\omega) = |2\sin(\omega)|$

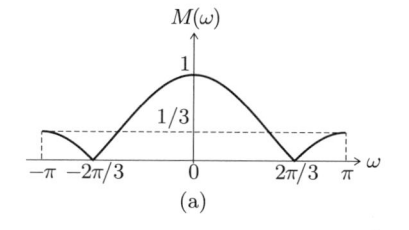

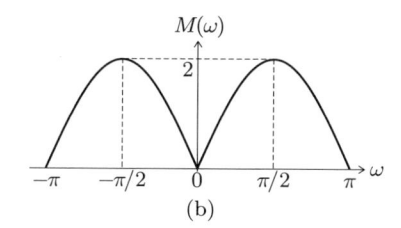

解図 8.1

【2】 (1) $M(\omega_c) = 2|\cos(\omega_c) - 1| = 2$
 (2) $M(\omega_c) = 1/\sqrt{25/16 + 3\cos(\omega_c)/2} = 4/5$

【3】 $x(n) = (-1)^n u(n) = u(n)\cos(\pi n) = u(n)\cos(\omega_c n)$ (ただし $\omega_c = \pi$) より
 (1) $H(z) = (1 + z^{-1})^3$, $H(e^{j\omega}) = 8\cos^3(\omega/2)e^{-j3\omega/2}$,
 $M(\omega) = 8|\cos^3(\omega/2)|$, $M(\omega_c) = 0$
 (2) $H(z) = (1 + z^{-1})^2/(1 - 0.5z^{-1})^2$, $H(e^{j\omega}) = (1 + e^{-j\omega})^2/(1 - 0.5e^{-j\omega})^2$
 $= [2\cos(\omega/2)e^{-j\omega/2}/\{1 - 0.5\cos(\omega) + j0.5\sin(\omega)\}]^2$ となる。ここで分母の複素数の大きさ (絶対値) は
$$\sqrt{(1 - 0.5\cos(\omega))^2 + 0.25\sin^2(\omega)} = \sqrt{1.25 - \cos(\omega)}$$
より $M(\omega) = 4\cos^2(\omega/2)/|1.25 - \cos(\omega)|$, $M(\omega_c) = 0$ となる。

【4】 $H(z) = (1+z^{-1})/(1-0.5z^{-1})$, $H(e^{j\omega}) = 2\cos(\omega/2)e^{-j\omega/2}/\{1-0.5\cos(\omega)+j0.5\sin(\omega)\}$ より $M(\omega) = 2|\cos(\omega/2)|/\sqrt{1.25-\cos(\omega)}$ である。$\omega_c = \pi/3$ より $M(\omega_c) = 2$ である。一方,表 4.1 の z 変換表より $X(z) = (1-0.5z^{-1})/(1-z^{-1}+z^{-2})$ であるから, $Y(z) = H(z)X(z) = (1+z^{-1})/(1-z^{-1}+z^{-2})$ となる。4 章の章末問題【1】(7) の結果より,$y(n) = 2u(n)\cos\{\omega_c(n-1)\}$ である。ゆえに $y(n)$ の振幅は $x(n)$ の 2 倍であることがわかる。

【5】 $H(e^{j\omega}) = \{a+\cos(\omega)+j\sin(\omega)\}/\{1+a\cos(\omega)+ja\sin(\omega)\}$ より $M(\omega) = \sqrt{\{a^2+1+2a\cos(\omega)\}/\{1+a^2+2a\cos(\omega)\}} = 1$ となる。このシステムは ω によらず振幅特性が 1 である。これを**全域通過フィルタ**という。

【6】 $H(e^{j\omega}) = a(1+e^{-j4\omega}) + b(1+e^{-j2\omega})e^{-j\omega} + ce^{-j2\omega} = \{2a\cos(2\omega)+2b\cos(\omega)+c\}e^{-j2\omega}$ より,位相特性は $\phi(\omega) = -2\omega$ であり,直線位相特性を持つ。

索　引

【あ】
アナログ信号　　　　　　　　1
アナログ・ディジタル
　　変換器　　　　　　　　　1
安　定　　　　　　　　　　84

【い】
位相スペクトル　　　98, 111
位相特性　　　　　　　　129
因果性システム　　　　　40
インパルス応答　　　　　34

【え】
エイリアシング　　　　　125

【お】
オイラーの公式　　　　　10
折り返し　　　　　　　　125

【か】
解析信号　　　　　　　　139
回転因子　　　　　　　　102
角周波数　　　　　　　　　7
加算器　　　　　　　　　23
片側 z 変換　　　　　　53
過渡域　　　　　　　　　141

【き】
基底信号　　　　　　　　94
逆離散時間フーリエ変換　111
逆離散フーリエ変換　　　97
逆 z 変換　　　　　　　65
共役複素数　　　　　　　9
極　　　　　　　　　　　86

極座標表現　　　　　　　10
虚数単位　　　　　　　　8
虚　部　　　　　　　　　9

【く】
群遅延特性　　　　　　　139

【け】
係数乗算器　　　　　　　23

【こ】
高域通過フィルタ　　　　140
高速フーリエ変換　　　　102
交流信号　　　　　　　　8

【さ】
雑音除去　　　　　　　　4
差分方程式　　　　　　　26
サンプラ　　　　　　　　2
サンプリング　　　　　　2
サンプリング周期　　　　2
サンプリング周波数　　　2
サンプリング定理　　　　126
サンプル値信号　　　　　2

【し】
時間シフト　　　　　60, 120
時間領域たたみ込み　60, 120
システム同定　　　　　4, 70
実　部　　　　　　　　　9
時不変システム　　　　　40
時不変性　　　　　　　　39
周　期　　　　　　　　　7
周期信号　　　　　　　　97
縦続システム　　　　　　77

周波数　　　　　　　　　7
周波数シフト　　　　　　120
周波数特性　　　　　　　129
初期位相　　　　　　　　7
初期休止条件　　　　　　35
振　幅　　　　　　　　　7
振幅スペクトル　　　98, 111
振幅特性　　　　　　　　129

【せ】
正弦波　　　　　　　　　7
正射影ベクトル　　　　　12
積和演算処理　　　　　　5
全域通過フィルタ　　　　156
線形システム　　　　　　39
線形時不変システム　　　39
線形性　　　　　　39, 60, 119

【そ】
阻止域　　　　　　　　　140

【た】
帯域制限　　　　　　　　125
帯域制限信号　　　　　　125
帯域阻止フィルタ　　　　140
帯域通過フィルタ　　　　140
たたみ込み　　　　　　　44
タップ　　　　　　　　　23
タップ係数　　　　　　　23
単位インパルス信号　　　18
単位ステップ信号　　　　22

【ち】
遅延子　　　　　　　　　23
直線位相特性　　　　　　139

索引

直線位相フィルタ	139
直流信号	8
直交基底	14, 94
直交座標表現	10
直交分解	14, 94

【つ】

通過域	140

【て】

低域通過フィルタ	140
ディジタル・アナログ変換器	2
ディジタルシグナルプロセッサ	2
ディジタル信号	2
ディジタル信号処理	1
ディジタルフィルタ	140
デシベル	115
伝達関数	73

【は】

ハーバードアーキテクチャ	5
パイプライン処理	5
バタフライ演算	103
ハニング窓	105
ハミング窓	106

パワースペクトル	98, 111

【ひ】

標本化	2
標本化器	2
ヒルベルト変換器	139

【ふ】

フィードバックシステム	25
フィードフォワードシステム	25
フィルタリング	4
複素共役	9
複素数	9
複素正弦波	11
複素平面	9
負の周波数	8
部分分数展開	67

【へ】

並列システム	78

【ほ】

方形窓	105

【ま】

窓関数	105

【む】	
無限インパルス応答システム	36

【ゆ】

有 界	84
有限インパルス応答システム	36

【よ】

余弦波	7

【ら】

ラジアン	6

【り】

離散時間システム	23
離散時間信号	1
離散時間フーリエ変換	110
離散フーリエ変換	97
両側 z 変換	53
量子化	2

【れ】

零 点	86
連続時間信号	1

【A】

ADC	1
A-D 変換器	1

【B】

BPF	140
BSF	140

【D】

DAC	2
DFT	97
DSP	2

DTFT	110
D-A 変換器	2

【F】

FFT	102
FIR	36
FIR フィルタ	141

【H】

HPF	140

【I】

IDFT	97

IDTFT	111
IIR	36
IIR フィルタ	141

【L】

LPF	140

【S】

sinc 関数	143

【Z】

z 変換	53

―― 著者略歴 ――

1991年	大阪府立大学工学部電気工学科卒業
1993年	大阪府立大学大学院工学研究科博士前期課程修了（電気工学専攻）
1996年	大阪府立大学大学院工学研究科博士後期課程修了（電気工学専攻）
	博士（工学）
1996年	大阪電気通信大学講師
2002年	大阪府立大学講師
2012年	大阪府立大学准教授
2016年	大阪府立大学教授
2022年	大阪公立大学教授（校名変更）
	現在に至る

例解 ディジタル信号処理入門
Introduction to Digital Signal Processing   © Masaya Ohta 2013

2013 年 10 月 30 日　初版第 1 刷発行
2022 年 12 月 25 日　初版第 6 刷発行

検印省略	著 者	太　田　正　哉
	発 行 者	株式会社　コロナ社
		代 表 者　牛来真也
	印 刷 所	三美印刷株式会社
	製 本 所	有限会社　愛千製本所

112-0011　東京都文京区千石 4-46-10
発行所　株式会社　コロナ社
CORONA PUBLISHING CO., LTD.
Tokyo Japan
振替 00140-8-14844・電話(03)3941-3131(代)
ホームページ　https://www.coronasha.co.jp

ISBN 978-4-339-00857-9　C3055　Printed in Japan　　　　（柏原）

JCOPY　＜出版者著作権管理機構 委託出版物＞
本書の無断複製は著作権法上での例外を除き禁じられています。複製される場合は，そのつど事前に，出版者著作権管理機構（電話 03-5244-5088，FAX 03-5244-5089，e-mail: info@jcopy.or.jp）の許諾を得てください。

本書のコピー，スキャン，デジタル化等の無断複製・転載は著作権法上での例外を除き禁じられています。購入者以外の第三者による本書の電子データ化及び電子書籍化は，いかなる場合も認めていません。
落丁・乱丁はお取替えいたします。

ディジタル信号処理ライブラリー

(各巻A5判,欠番は品切です)

■企画・編集責任者　谷萩隆嗣

配本順			頁	本体
1.（1回）	ディジタル信号処理と基礎理論	谷萩隆嗣著	276	3500円
2.（8回）	ディジタルフィルタと信号処理	谷萩隆嗣著	244	3500円
3.（2回）	音声と画像のディジタル信号処理	谷萩隆嗣編著	264	3600円
4.（7回）	高速アルゴリズムと並列信号処理	谷萩隆嗣編著	268	3800円
5.（9回）	カルマンフィルタと適応信号処理	谷萩隆嗣著	294	4300円
6.（10回）	ARMAシステムとディジタル信号処理	谷萩隆嗣著	238	3600円
7.（3回）	VLSIとディジタル信号処理	谷萩隆嗣編	288	3800円
8.（6回）	情報通信とディジタル信号処理	谷萩隆嗣編著	314	4400円
10.（4回）	マルチメディアとディジタル信号処理	谷萩隆嗣編著	332	4400円

映像情報メディア基幹技術シリーズ

(各巻A5判,欠番は品切です)

■映像情報メディア学会編

			頁	本体
1.	音声情報処理	春田正男船日哲男林伸二武田一哉共著	256	3500円
2.	ディジタル映像ネットワーク	羽鳥好律片山頼明編著	238	3300円
3.	画像LSIシステム設計技術	榎本忠儀編著	332	4500円
4.	放送システム	山田宰編著	326	4400円
5.	三次元画像工学	佐佐木誠藤本葵本野巳野高甲彦直邦共著	222	3200円
6.	情報ストレージ技術	沼澤潤二梅本田雄奥益川優喜治連共著	216	3200円
8.	画像と視覚情報科学	三橋哲雄畑田豊彦矢野澄男共著	318	5000円
9.	CMOSイメージセンサ	相澤清晴浜本隆之編著	282	4600円

定価は本体価格+税です。
定価は変更されることがありますのでご了承下さい。

図書目録進呈◆